JN094583

新スタンダード栄養・食物シリーズ 19

基 礎 化 学

村田容常・奈良井朝子 編

東京化学同人

序

　栄養学を学ぶ者にとって 2005 年はエポックメーキングな年であった．第一は食育基本法が制定されたことであり，第二は“日本人の食事摂取基準”が策定されたことである．食育基本法は国民が生涯にわたって健全な心身を培い，豊かな人間性をはぐくむための食育を推進することを目指して議員立法により成立した法律で，世界に類をみないものである．これに基づいて食育推進基本計画が策定され，5 年ごとの見直しでさまざまな取組みが行われている．“日本人の食事摂取基準”はそれまで用いられてきた“日本人の栄養所要量”に代わるもので，国民の健康の維持・増進，エネルギー・栄養素欠乏症の予防，生活習慣病の予防，過剰摂取による健康障害の予防を目的としてエネルギーおよび各栄養素の摂取量の基準を示したものである．これも 5 年ごとに改定が行われている．

　この“新スタンダード栄養・食物シリーズ”は，こうした現代の栄養学を背景に，“社会・環境と健康”，“人体の構造と機能，疾病の成り立ち”，“食べ物と健康”などを理解することが大きな 3 本柱となっている．これらの管理栄養士国家試験出題基準（ガイドライン）の必須科目だけでなく，健康科学の基礎となる科目（一般化学，有機化学，食品分析化学，分子栄養学など）も新たに加えたので，栄養士，管理栄養士を目指す学生だけでなく，生活科学系や農学系，また医療系で学ぶ学生にもぜひ役立てていただきたい．

　本シリーズの執筆者は教育と同時に研究に携わる者でもあるので，最新の知識をもっている．とかく内容が高度になって，微に入り細をうがったものになりがちであるが，学生の理解を助けるとともに，担当する教員が講義のよりどころにできるようにと，わかりやすい記述を心がけていただいた．また図表を多用して視覚的な理解を促し，欄外のスペースを用語解説などに利用して読みやすいよう工夫を凝らした．

　本シリーズの編集にあたっては，食に関する多面的な理解が得られるようにとの思いを込めた．わが国の食文化は数百年，数千年と続いた実績の上に成り立っているが，この変わらぬ食習慣の裏付けを科学的に学ぶうえで本シリーズが役立つことを願っている．

　2019 年 8 月

編集委員を代表して

脊　山　洋　右

ま え が き

この本を手にしている皆さんは，食べ物や調理，栄養や健康に興味のある人だと思います．なかには高校時代に化学が得意だった人，嫌いだった人，ほとんど覚えていない人とさまざまな人がいることでしょう．本書は，そのようなすべての読者を想定しています．

食品学も栄養学も化学を基盤とする学問です．ものを食べるということは，他の生物がつくり出した物質（この物質のことを栄養素とよびます）を加工・調理したあと摂取するということを意味し，人間は摂取した物質から生命活動に必要なエネルギーと生体成分を取出す，もしくはつくり出して生きています．この過程は物質の変化，つまり化学反応の連続です．化学反応を理解しないと食品学も栄養学も意味のわからないお経のようなものになってしまい，どの栄養素が何のためにどのくらい必要なのか，といったことを考えるのも難しくなるでしょう．逆にいうと，化学の基礎やその考え方を身につけていれば，この過程の本質や論理をしっかり理解できることになります．高校の教科書を捨ててしまった人もぜひ本書を片手に，食品学や栄養学を学んでほしいと思います．

本書は，食品学や栄養学に必要な知識と考え方という観点から，高校と大学初等レベルの"化学"をまとめなおしたものです．第1章「原子の構造と周期表」では，そもそも物質とは何かから始まり，元素記号や原子の構造など化学の基礎中の基礎を思い起こさせます．第2章「化学結合」では，物質をつくり上げるさまざまな結合を取上げます．そのうえで第3章「有機化合物」では，生体内の化学反応の理解に欠かすことのできない立体化学の基礎を含め，タンパク質などの生体高分子の化学についても学びます．第4章「さまざまな元素と無機物質」では食品や生体に含まれているさまざまな無機物質とその生体における役割などを学びます．第5章「物質量と濃度，状態変化」では，もしかしたら皆さんが苦手な計算の基礎が出てきます．濃度計算は食べ物や栄養を量的に考えるときには欠かせないものです．しっかり学びましょう．第6章「化学変化と化学反応式」は，化学反応の書き方から始まり，食品学や栄養学で出てくる主要な反応もまとめてあります．第7章「酸と塩基の反応」，第8章「酸化還元反応」では，さまざまな計算例が出てきます．繰返し練習しましょう．第9章「熱力学と化学反応，反応速度論」は，化学反応がどのような方向に進むのか，進みやすいのかということを物理化学的に説明してあります．少し難しいかもしれませんが，生体での代謝の意味や方向を理解するには欠かせない考え方ですので理解できるように努めてみましょう．第10章「測定と分析」は実験によって得られる値の出し方，実験値の取扱い方の基礎をまとめてあります．食品学も栄養学も実験科学ですので，ここで示されている考え方を理解して下さい．また，付録には基本的な単位や高校数学の復習として指数と対数，微分や積分の公式もまとめてあります．必要な場合は参照して下さい．

本書の特徴は，例題や章末問題が多数あることです．例題の解法はもちろん，章末問題にも答えをつけてあります．自分でさまざまな問題を繰返し解くことで理解が深まるとともに，科学的な考え方が身につきます．興味をもって取組めるように食品や栄養に関係する問題もふんだんに取入れてあります．ぜひすべての問題を解いてみてください．本書が皆さんの食品学や栄養学に対する理解や学習の手助けとなることを願っています．

2020 年 10 月

担当編集委員を代表して

村 田 容 常

第19巻 基礎化学

執 筆 者

佐 藤 吉 朗　東京家政大学家政学部 教授，農学博士 ［第5章，§6・1，§6・2］

奈 良 井 朝 子　日本獣医生命科学大学応用生命科学部 准教授，博士（農学）
［第1章～第3章，第7章］

村 田 容 常　お茶の水女子大学基幹研究院自然科学系 教授，農学博士
［§6・3，第8章，第9章，付録］

吉 田 　 充　日本獣医生命科学大学応用生命科学部 教授，農学博士 ［第4章，第10章］

（五十音順，［　］内は執筆担当箇所）

目　　次

第Ⅰ部　物質の関係

第Ⅱ部　物質の変化

第 I 部
物質の関係

1 原子の構造と周期表

1・1　物質，純物質と混合物

　読者のなかには食物・栄養に関心をもちながらも，食物中に含まれる成分を構造式で表したり，その成分の化学的性質を論じることに苦手意識をもっている人もいるのではないだろうか．しかし，食物は水分，砂糖やデンプン，脂質，タンパク質，ミネラルなどによって構成されている．このように身の回りのあらゆる"もの（物体）"を構成する成分は**物質**とよばれ，食物中の栄養素という物質であれば，私たちが摂取したのちに形を変えて（＝化学反応を経て）私たちの体をつくり，動かすためのエネルギーを生み出す．その本質的な理解を助けてくれるのが，基礎的な化学の知識といえよう．

　物質にはさまざまなものが存在し，1種類の物質からなるものを**純物質**といい，複数の純物質が混ざり合ってできているものを**混合物**という．たとえば，鉄，

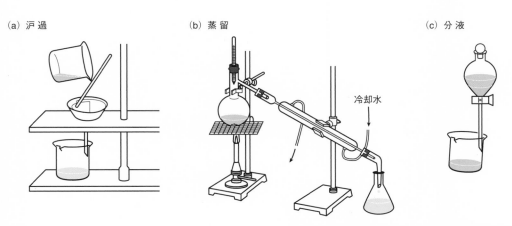

(a) 沪過　　　(b) 蒸留　　　(c) 分液

冷却水

(d) 再結晶

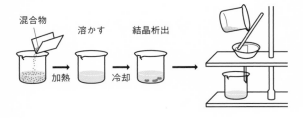

混合物　　　溶かす　　　結晶析出

加熱　　　冷却

図 1・1　各種の精製法　(a) 沪過: 固体を通さない沪紙や布などに混合物を通すことで固体の物質と液体の物質に分離する．(b) 蒸留: 液体の物質どうしが均一に混ざり合っている場合に，それらを沸点の違いを利用して分離する．固体を溶かし込んでいる液体を純物質として分離する場合にも蒸留を用いることができ，残留物として固体を得ることができる．(c) 分液: 下層の溶液が上層と混ざらないようゆっくり取出す．(d) 再結晶: 水のような液体に対する溶解性の異なる固体を分離する．混合物を温度の高い水に溶解したのち温度を下げていくと，溶けにくい物質から析出する．

金，銀などの金属類や，水，砂糖（ショ糖）はその名がつく物質だけでなる純物質である．一方，空気は窒素ガスや酸素ガス，二酸化炭素ガスなどを含む混合物で，砂糖水は砂糖と水の混合物である．食物をはじめ，日常的に目にする物質には混合物が多い．

混合物に含まれる純物質を，それぞれの性質をもとに分離することを**精製**という．精製に用いられる方法として図1・1にいくつか例をあげる．

1・2 元素と元素記号，単体と化合物

次に，混合物から分けられた純物質について，さらにその基本的な構成要素（元素）まで細かくみていくと，1種類の元素からなる**単体**と，2種類以上の元素からなる**化合物**に分類される．炭素 C のみからできるダイヤモンド，鉄 Fe だけでできる鉄の塊，空気中に存在する窒素ガス N_2 や酸素ガス O_2 はそれぞれが単体である．O_2 と O_3（オゾン）はいずれも酸素 O を元素としながら構造と性質の異なる物質であり，これらは**同素体**という．ダイヤモンドとグラファイト（黒鉛），フラーレンは，炭素 C を同一元素とする単体で，互いに同素体の関係にある（図1・2およびコラム参照）．水 H_2O，二酸化炭素 CO_2 などは化合物である．

（a）ダイヤモンド　　　　　　（b）グラファイト

図 1・2　ダイヤモンドとグラファイト

フラーレン

フラーレンは，ダイヤモンドやグラファイトとは異なり，数十個の炭素原子からなる構造を単位とする炭素の同素体である．1985年に初めて発見された C_{60} をはじめ，C_{70}, C_{76} なども知られている．C_{60} は20個の正六角形と12個の正五角形をもつサッカーボール状の構造をしている．

平面状のグラファイトを円筒状に丸めた構造をしている**カーボンナノチューブ**は，両端がフラーレンの半球様構造で閉じているためフラーレンに分類されることもある．カーボンナノチューブはその超軽量，強度，弾性力から宇宙エレベーター素材として期待されている．また，電気伝導性を利用した半導体，電池などへの応用も検討されている．

フラーレン　　　　　　　　カーボンナノチューブ

元素は現在までに110種類以上が知られ，物質のすべてがこれら元素の組合わせによって構成されている．元素を表すために使われる記号（**元素記号**）にはア

ルファベットの 1，2 文字が当てられている（§1・4 参照）．元素名や元素記号の由来はさまざまで，発見された経緯に関係したギリシャ語やラテン語に基づくものが多い（表1・1）．最近命名された元素では，科学の発展に貢献した人物や発見された都市名を記念に使ったものが多い．

113 番目の元素ニホニウム Nh：この元素の合成と証明に成功した日本の理化学研究所に命名権が与えられ，日本国名にちなんだ名称になった．

表 1・1　簡単な元素名と元素記号の例

元素名	英語名	元素記号	元素名	英語名	元素記号
水　素	hydrogen	H	リ　ン	phosphorus	P
ホウ素	boron	B	硫　黄	sulfur	S
炭　素	carbon	C	ナトリウム	sodium	Na
窒　素	nitrogen	N	カリウム	potassium	K
酸　素	oxygen	O	カルシウム	calcium	Ca

1・3　原子の構造，同位体，電子配置

1・3・1　原　　子

　純物質を元素のレベルまで細かくみていくと，物質を構成する最小単位といえる粒子にたどりつく．この粒子を**原子**とよぶ．“原子”と“元素”はしばしば区別をあいまいにして混用されやすいが，厳密には，前者は物質を構成する実在の粒子そのものをさすときに用い，後者は物質を構成する要素の種類をさし，原子よりは抽象的な概念として用いる．

1・3・2　原子の構造

　元素の種類によって原子の大きさや質量は異なるが，直径はおおよそ 10^{-10} m ときわめて小さい．その原子の中心には**原子核**が存在しており，その直径は最も小さい水素の原子核で 1×10^{-15} m，大きなウランの原子核で 9×10^{-15} m ほどである．原子核には正の電気をもつ**陽子**と電気をもたない**中性子**が含まれている．原子核から離れた原子の外側付近では，負の電気をもつ**電子**が高速で飛び回るように存在している（図1・3）．

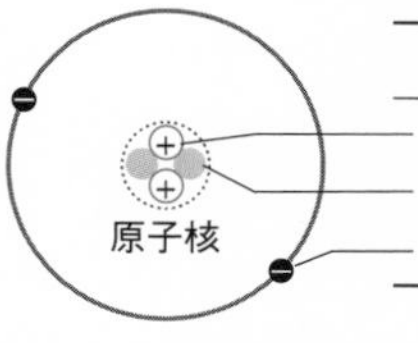

構成粒子	電荷	質量〔g〕	質量比
陽　子 ⊕	+1	1.673×10^{-24}	1
中性子 ●	0	1.675×10^{-24}	1
電　子 ●	−1	9.109×10^{-28}	1/1840

図 1・3　原子構造と粒子の図　原子の中心には陽子と中性子からなる原子核が存在し，原子の外側付近に陽子と同じ数の電子が存在している．原子の質量は陽子と中性子の数に依存している．

　陽子と電子は，互いに絶対値は同じだが正と負という反対の電気量をもっている．電気量は非常に小さく，常にその数値を用いるのは不便であることから，化

学では**電荷**という量を定義し，陽子の電荷は＋1，電子の電荷は−1とする．中性子は電荷をもたないので電荷は0となる．一つの原子では（イオンでないかぎり），陽子数と電子数は等しく，原子全体としては電気的に中性である．そして，元素の種類は陽子数によって決定づけられる（すなわち，陽子数が異なれば元素の種類が異なる）．そこで，陽子数をもとにそれぞれの元素に**原子番号**が付され，原子番号から元素の種類が特定できるようになっている．たとえば，陽子数1個であれば原子番号1の水素，陽子数が6個であれば原子番号6の炭素となる．

　質量の点では，陽子と中性子がほぼ同じであるのに対し，電子は陽子や中性子の約1840分の1で，全体からみて無視できるくらい軽い．つまり，原子全体の質量をほぼ決めるのは陽子と中性子の数であることから，陽子数と中性子数の和を**質量数**とよぶ．原子を識別するために重要な情報となる原子番号と質量数は元素記号と合わせて表記する（図1・4）．

元素名	窒素
元素記号	N
原子番号	7（陽子の数7個）
質量数	14（陽子の数7個 ＋中性子の数7個）

	$^{12}_{6}C$	$^{13}_{6}C$	$^{14}_{6}C$
陽子数	6	6	6
中性子数	6	7	8
質量数	12	13	14

図 1・4　元素記号・原子番号・質量数の表し方　原子の識別に必要な原子番号と質量数は，それぞれ元素記号の左下，左肩に記す．

1・3・3　同位体

　陽子の数が同じで元素の種類は同じでありながら，中性子の数が異なる原子が複数存在すると，これらは互いに**同位体**であるという．同位体どうしの化学的性質は同じだが，原子核の構成（中性子数）が異なるため，質量に違いが生じる．同位体をもつ代表的な元素とそれぞれの同位体の天然存在比を表1・2に示す．

表 1・2　代表的な元素の同位体と存在比[a]

元素	同位体	質量	存在比（％）	元素	同位体	質量	存在比（％）
水素	$^{1}_{1}H$	1.007825 03223	99.972〜99.999	ケイ素	$^{28}_{14}Si$	27.976926 5346	92.191〜92.318
	$^{2}_{1}H$	2.014101 77812	0.001〜0.028		$^{29}_{14}Si$	28.976494 6649	4.645〜4.699
					$^{30}_{14}Si$	29.973770 136	3.037〜3.110
炭素	$^{12}_{6}C$	12.000000 0	98.84〜99.04	硫黄	$^{32}_{16}S$	31.972071 1744	94.41〜95.29
	$^{13}_{6}C$	13.003354 83507	0.96〜1.16		$^{33}_{16}S$	32.971458 9098	0.729〜0.797
					$^{34}_{16}S$	33.967867 00	3.96〜4.77
					$^{36}_{16}S$	35.967080 71	0.0129〜0.0187
酸素	$^{16}_{8}O$	15.994914 61957	99.738〜99.776				
	$^{17}_{8}O$	16.999131 7565	0.0367〜0.0400	塩素	$^{35}_{17}Cl$	34.968852 68	75.5〜76.1
	$^{18}_{8}O$	17.999159 6129	0.187〜0.222		$^{37}_{17}Cl$	36.965902 60	23.9〜24.5

a) 国立天文台編，"理科年表 平成29年"，p. 物108（470），丸善出版（2016）より改変．

　同位体には，放射能をもたない**安定同位体**と，原子核が不安定で放射線を出しながら崩壊してしまう**放射性同位体**が存在する．放射性同位体が放射線を出しな

がら壊れて（放射性壊変）, もとの半分の量になるまでの時間を**半減期**とよぶ.
近年, 食物中の水素 H, 酸素 O, 窒素 N, 炭素 C の安定同位体比を測定することで, 産地の地理的要因や土壌中の肥料の由来, 家畜肥料の種類などの情報が得られるため, 産地判別技術としての応用が試みられている（コラム参照）. 一方, 放射性同位体が出す放射線は私たちの体にとって有害だが, これを利用して放射性コバルト ^{60}Co から放たれる放射線の一種である $\overset{\text{ガンマ}}{\gamma}$ 線を食品に照射する技術は, 香辛料や乾燥食品原材料の殺菌, 殺虫やジャガイモの発芽抑制の目的に世界中で利用されている.

■ **例題 1・1**　酸素の同位体に関する下表の空欄を埋めよ.

	$^{16}_{8}\text{O}$	$^{17}_{8}\text{O}$	$^{18}_{8}\text{O}$
陽子数	(a)	(e)	(i)
中性子数	(b)	(f)	(j)
質量数	(c)	(g)	(k)
電子の数	(d)	(h)	(l)

解 答　(a) 8, (b) 8, (c) 16, (d) 8, (e) 8, (f) 9, (g) 17, (h) 8, (i) 8, (j) 10, (k) 18, (l) 8

地理的要因や肥料履歴などを知る手がかりになる安定同位体比

水分子 H_2O には構成する同位体の種類によって軽い水から重い水まで存在する.

軽い水分子
$$^1\text{H} - ^{16}\text{O} - ^1\text{H}, \quad ^1\text{H} - ^{16}\text{O} - ^2\text{H}, \quad ^2\text{H} - ^{16}\text{O} - ^2\text{H},$$
$$^1\text{H} - ^{17}\text{O} - ^1\text{H}, \quad ^1\text{H} - ^{17}\text{O} - ^2\text{H}, \quad ^2\text{H} - ^{17}\text{O} - ^2\text{H},$$
$$^1\text{H} - ^{18}\text{O} - ^1\text{H}, \quad ^1\text{H} - ^{18}\text{O} - ^2\text{H}, \quad ^2\text{H} - ^{18}\text{O} - ^2\text{H}$$
重い水分子

これらは自然界で, 固体, 液体, 気体の間で起こる相変化や物理的移送, 化学反応の過程で質量の違いにより分別される. たとえば, 海水から蒸発した水は軽い分子ほど蒸発しやすく遠くまで運ばれ, 重い分子ほど雨水となって地上に早く降下する. その結果, 海・赤道から遠い地域ほど土壌や生息生物に軽い水が多く含まれる.

また, 植物は光合成で大気中の二酸化炭素 CO_2 を取込んで炭素化合物を合成するが, 炭素の安定同位体比 $^{13}\text{C}/^{12}\text{C}$ は大気中 CO_2 より植物中の値が大きい. さらに, 光合成の仕組みが異なる C3 植物, C4 植物, CAM 植物の間でも $^{13}\text{C}/^{12}\text{C}$ の比が異なる（C4 ジカルボン酸回路をもつ植物は C3 植物より $^{13}\text{C}/^{12}\text{C}$ の比が大きい）. これを利用すれば, ハチミツにおいて, 一般的な原料植物である C3 植物と比べることで, C4 植物のサトウキビやトウモロコシから抽出・製糖された成分が添加あるいは代用されていないか判別が可能になる.

窒素を含むアミノ酸やタンパク質, 核酸は, 動植物体内の代謝過程で重い窒素が排出されにくく, 窒素同位体比 $^{15}\text{N}/^{14}\text{N}$ は高くなる. つまり, 大気中の窒素 N_2 から合成した化学肥料と有機肥料の間では $^{15}\text{N}/^{14}\text{N}$ の比が大きく異なる. このことから, 施肥方法に強く依存する農作物の $^{15}\text{N}/^{14}\text{N}$ の比を調べると, 有機農法で栽培された作物かどうか判別できる.

1・3・4 電子配置

電子は，粒子性と波動性という二つの性質をもちながら，原子核の周りでいくつかの決まった空間を高速で動き回っていると考えられている．電子が存在するこの場所を**電子殻**とよび，内側からK殻，L殻，M殻…と名づけられている．負の電荷をもつ電子が正の電荷をもつ原子核に吸い込まれずに，また電子どうしが衝突しないで電子殻に存在し続ける理由は量子力学的に説明がなされる．量子力学の理論をもとに原子内における電子の存在確率を点描画のように表すと雲のような図になり，これを**電子雲**とよぶ．

電子殻にはそれぞれ特徴的な形の電子雲を示す電子の存在場所（**軌道**）が含まれており，1個のs軌道，3個のp軌道，5個のd軌道，7個のf軌道が存在する（図1・5）．ただし，電子殻が受入れられる電子の数は原子核に近い内側ほど少

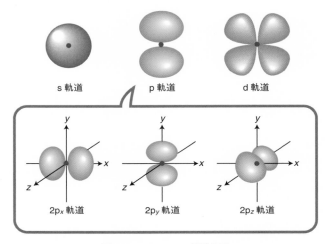

s軌道   p軌道   d軌道

2p$_x$軌道   2p$_y$軌道   2p$_z$軌道

図 1・5 s, p, d軌道の形

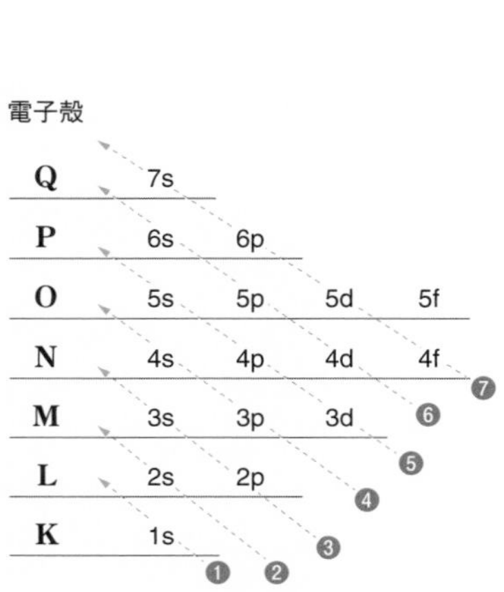

図 1・6 軌道のエネルギー準位の予想図

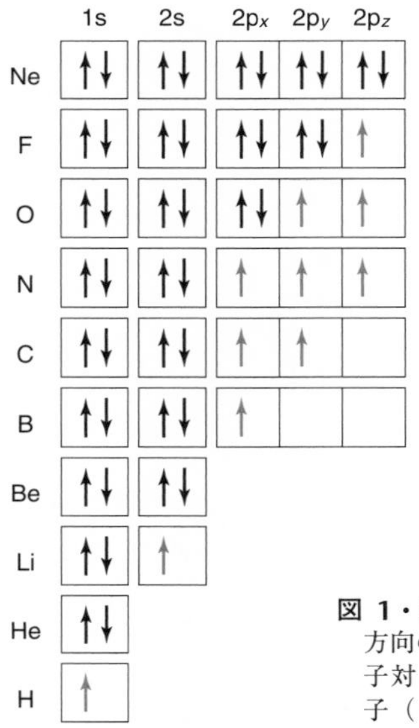

図 1・7 基底状態の原子の電子配置 スピン方向の異なる電子を↑と↓で表している．電子対（↑↓のペア）になっていない軌道の電子（↑）は不対電子という．

なく，外側の電子殻ほど多い．そして，内側から n 番目の電子殻に入る電子の数は最大 $2n^2$ 個（1番目 K 殻 2 個，2番目 L 殻 8 個，3番目 M 殻 18 個…）と決まっており，次にあげた規則に従って電子は電子殻に配置される（**電子配置**）．

1) 基底状態の電子配置では，エネルギー準位の低い K 殻の軌道から電子が入っていく（図1・6）．M 殻の p 軌道まで電子が入った後，d 軌道を残して外側にある N 殻の s 軌道に電子が入り始めるところは，エネルギー準位の順番が電子殻の順番のとおりにならないため，注意が必要である．

2) 電子は自転（スピン）しており，一つの軌道にはスピン方向の異なる電子が 2 個ずつペアで入る．ただし，同じエネルギー準位をもつ軌道が複数あれば，1 個ずつそれぞれの軌道に入った後にペアができるように電子が入る（図1・7）．

■ **例題 1・2** 次に示す原子の電子配置を例にならい，電子軌道名と電子の個数を記せ．

例）　$_{11}$Na → 1s(2)，2s(2)，2p(2, 2, 2)，3s(1)

$_4$Be →

$_6$C →

$_7$N →

$_{13}$Al →

$_{17}$Cl →

$_{20}$Ca →

$_{25}$Mn →

$_{30}$Zn →

解 答

$_4$Be → 1s(2)，2s(2)

$_6$C → 1s(2)，2s(2)，2p(1, 1, 0)

$_7$N → 1s(2)，2s(2)，2p(1, 1, 1)

$_{13}$Al → 1s(2)，2s(2)，2p(2, 2, 2)，3s(2)，3p(1, 0, 0)

$_{17}$Cl → 1s(2)，2s(2)，2p(2, 2, 2)，3s(2)，3p(2, 2, 1)

$_{20}$Ca → 1s(2)，2s(2)，2p(2, 2, 2)，3s(2)，3p(2, 2, 2)，4s(2)

$_{25}$Mn → 1s(2)，2s(2)，2p(2, 2, 2)，3s(2)，3p(2, 2, 2)，3d(1, 1, 1, 1, 1)，4s(2)

$_{30}$Zn → 1s(2)，2s(2)，2p(2, 2, 2)，3s(2)，3p(2, 2, 2)，3d(2, 2, 2, 2, 2)，4s(2)

 ## 1・4 周 期 表

一番外側の電子殻（最外殻）に含まれる電子を**最外殻電子**とよぶ．最外殻電子は原子の化学的性質を担うことから**価電子**ともいう．しかし，K 殻の 1s 軌道に 2 個，あるいは L 殻以降の電子殻の s 軌道と p 軌道にそれぞれ 2 個，6 個の電子が入りきった構造は**閉殻**とよばれるきわめて安定な構造で，価電子の数は 0 と表現する．周期表の一番右列（18 族）に並ぶ貴ガス元素（He, Ne, Ar など）は閉

* 貴ガスは発見当時の
"確認しにくさ"からかつ
ては**希ガス**とよばれたが，
1910 年ごろ以降，その化
学的性質を表す noble gas
（**貴ガス**）とよばれている.

殻構造の電子配置をもち，何ものとも反応しない不活性なガスとして存在する*.

最外殻電子の数は原子番号順に調べていくと 1〜8 を繰返し，化学的性質のよく似た元素が周期的に現れること（周期律）から，**周期表**が作成された．周期表の行（横方向）を**周期**といい，最外殻電子が原子の内側から何番目の電子殻に存在するかを表す．一方，列（縦方向）を**族**といい，1 族から 18 族までに分類されている（図 1・8）.

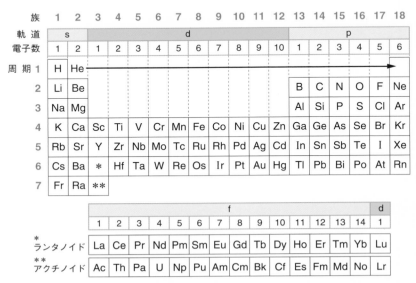

図 1・8 周期表の族と電子を入れる軌道の関係 s, p はその周期が意味する電子殻（＝最外殻）の軌道，d, f はその内側の電子殻内の軌道．d, f 軌道の電子がこの図のとおりの軌道に存在しない元素も一部存在する.

元素の分類について

　本書では周期表の 1 族，2 族，13〜18 族と 12 族を**典型元素**と定義しているが，世界各国の化学者の代表により構成される国際純正・応用化学連合（IUPAC）では元素の分類について異なる定義を推奨している（2005 年勧告）．下図に示すように，水素を除く 1 族，2 族，13〜18 族を**主要族元素**（main group element）とよび，3〜12 族を**遷移元素**（transition element）としている（ただし，12 族は遷移金属的な性質を示さないことから，必ずしも含まれない）．また，この新

しい定義では典型元素（typical elements）とされているのは，18 族を除く各主要族元素の第 2 周期と第 3 周期に限られる．水素は金属としての性質を示さず，電子配置から見ると（電子を一つもらえば閉殻構造に到達する）ハロゲンに近い．しかし，ハロゲンのように電子を受取って陰イオンになることはなく，反対に水素イオン（陽イオン）になる性質がある．そこで，大学レベル以上の無機化学分野では，水素は特殊な元素としてどの族にも属さないとみなされる.

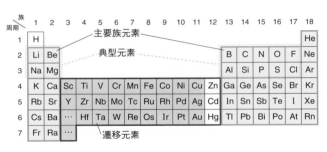

　s軌道に電子を入れていく1族と2族，p軌道に電子を入れていく13族から18族，そして12族は**典型元素**とよばれ，ここには**典型金属元素**（水素を除く1族，2族，12族，そして13族から16族の一部）と**非金属元素**（水素と13族から18族の金属元素以外）がある*（図1・9）．金属元素に分類される元素は，原子の電子配置において最外殻電子が1〜3個と少ない，単体で金属特有の光沢をもつ，熱・電気伝導性を示す，展性・延性を示す，といった特徴を併せもつ．同族の典型元素どうしは，最外殻電子数が同じであることから原子の化学的挙動が似ている．

　最外殻より内側の電子殻のd, f軌道に電子が配置される3族から11族までの元素は遷移元素とよばれる．これらはすべて金属の特徴をもつことから**遷移金属元素**ともいう．遷移元素は同周期の元素どうしがほぼ同じ最外殻電子数であるため，族よりも周期での類似性がみられる．

*　周期表で金属と非金属の境界に位置するホウ素B，ケイ素Si，ゲルマニウムGe，ヒ素As，アンチモンSbなどは，金属と非金属の中間の性質をもつため，**半金属**とよばれる．

図 1・9　元素の分類

　それぞれの元素が周期表においてどこに位置しているのかは，その原子が形成する原子間の化学結合の種類を理解するうえで役立つ（第2章参照）．

章 末 問 題

問題1・1　次の元素の原子番号と元素記号を記入しなさい．
- a) 炭　素
- b) 窒　素
- c) フッ素
- d) ネオン
- e) マグネシウム
- f) アルミニウム
- g) 塩　素
- h) カリウム
- i) カルシウム
- j) マンガン
- k) 鉄
- l) 銅
- m) 亜　鉛

問題1・2　次の元素の最外殻電子の数とそれが存在する電子殻名を答えなさい．
- a) 水　素
- b) ヘリウム
- c) 炭　素
- d) 窒　素
- e) フッ素
- f) マグネシウム

g）アルミニウム   h）塩　素
i）アルゴン   j）カリウム
k）カルシウム

問題 1・3　次の元素は典型金属元素，非金属元素，遷移金属元素のうち，どれに相当するか答えよ．

a）水　素   b）炭　素
c）酸　素   d）ネオン
e）ナトリウム   f）マグネシウム
g）アルミニウム   h）ケイ素
i）カリウム   j）カルシウム
k）マンガン   l）鉄
m）銅   n）銀
o）金   p）亜　鉛
q）カドミウム

2 化 学 結 合

2・1 イオンとイオン結合

2・1・1 陽イオンとイオン化エネルギー

　周期表のおもに左側に並ぶ典型金属元素と中央付近に並ぶ遷移元素の原子は，最外殻電子の数が1個または2個と少なく，この最外殻電子を放出することができれば電子配置は安定な閉殻構造になりうる．その場合，放出した電子の分だけ原子核の正電荷が余分になるため，原子からは**陽イオン**が生成する．たとえば，ナトリウム原子から1個の電子が放出されればナトリウムイオン Na^+ になり，マグネシウム原子から2個の電子が放出されればマグネシウムイオン Mg^{2+} が生じる．これらの陽イオンでは，電子1個に対する原子核の引きつける力が強くなるため，中性の原子のときよりも粒子半径が小さくなる．

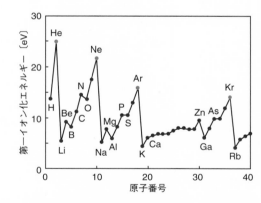

図 2・1　原子の第一イオン化エネルギー　●は貴ガス元素

　原子から電子を取出すのに（陽イオンを生成するのに）必要なエネルギーを**イオン化エネルギー**という．1個目の電子を取出すのに必要なエネルギーを第一イオン化エネルギー，次の2個目の電子を取出すのに必要なエネルギーを第二イオン化エネルギーという．図2・1に示すように，同一周期のなかでは閉殻構造になるまでに放出する電子の数が少ないほどイオン化エネルギーは小さく，陽イオンになりやすい．同一族の場合は，原子番号が小さいほど最外殻電子の軌道が原子核に近く，原子核の正電荷から束縛を受けるためイオン化エネルギーは大きい．

　陽イオンには金属元素が電子を放出して生じる単原子イオンのほかに，アンモ

ニウムイオン $NH_4{}^+$ のような複数の原子からなる多原子イオンも存在する．これについては §2・4 で解説する．

> ■ **例題 2・1**　次の原子の組合わせで第一イオン化エネルギーが小さいのはどちらか答えよ．
> 1) Li, Na　　2) Na, Mg　　3) Na, K　　4) K, Ca
> **解　答**
> 1) Li ＞ Na ［Li と Na は同じ族で，Li の方が Na より原子番号が小さい］
> 2) Na ＜ Mg ［Na と Mg は同じ周期で，Na の方が Mg より閉殻構造になるまでに放出する電子の数が少ない］
> 3) Na ＞ K ［Na と K は同じ族で，Na の方が K より原子番号が小さい］
> 4) K ＜ Ca ［K と Ca は同じ周期で，K の方が Ca より閉殻構造になるまでに放出する電子の数が少ない］

2・1・2　陰イオンと電子親和力

周期表の右側に並ぶ非金属元素（貴ガス元素以外）は，最外殻電子の数が多いため，電子を放出するよりもよそから 1〜2 個の電子を取入れた方が容易に電子配置を閉殻構造に到達させることができる．その場合，取入れた電子の分だけ負電荷が多くなるため，原子は**陰イオン**になる．たとえば，塩素原子は電子を 1 個取入れると塩化物イオン Cl^- になり，酸素原子は電子を 2 個取入れて酸化物イオン O^{2-} を生じる．これらの陰イオンでは，電子 1 個当たりを原子核が引きつける力が弱まるため，中性の原子のときよりも粒子半径が大きくなる．

原子が電子を取入れて陰イオンを生成する際に放出されるエネルギーを**電子親和力**とよぶ．17 族のハロゲン元素は，電子を 1 個取入れるだけで安定な閉殻構造になるため，電子親和力が大きく，すなわち陰イオンになりやすい．同一の族では，原子番号が小さいほど原子核が電子を引きつける力が大きく，陰イオンになりやすい傾向がある．

陰イオンにも単原子イオンのほかに，炭酸イオン $CO_3{}^{2-}$，酢酸イオン CH_3COO^-，リン酸イオン $PO_4{}^{3-}$ などの多原子イオンが存在する．これについては §2・3・3 で解説する．

> ■ **例題 2・2**　次の原子の組合わせで電子親和力が大きいのはどちらか答えよ．
> 1) O, F　　　2) S, Cl
> **解　答**
> 1) O ＜ F　［O と F は同じ周期で，F は電子を 1 個取入れるだけで安定な閉殻構造になる］
> 2) S ＜ Cl　［S と Cl は同じ周期で，Cl は電子を 1 個取入れるだけで安定な閉殻構造になる］

2・1・3　イオン結合

イオン化エネルギーが小さい（陽イオンになりやすい）原子と電子親和力の大

きい（陰イオンになりやすい）原子が存在すると，互いに最外殻電子を授受し合って陽イオンと陰イオンを生成し，イオン間には静電的な引力（**クーロン力**）が働いて結合が生じる．このような結合を**イオン結合**という．

　塩化ナトリウムのイオン結合を図2・2に示す．この場合，1個の Na^+ に対して Cl^- は上下左右どこからでも近づくことができ，1個の Na^+ の周りを複数個の Cl^- が取囲むように結合する．この Cl^- に対して Na^+ が結合するときも同様である．このようなイオン結合でできた結晶を**イオン結晶**とよぶ．塩化ナトリウムはあくまで Na^+：Cl^- が1：1の組成でイオン結合してできた化合物であり，塩化ナトリウムを示す $NaCl$ という化学式（元素記号による物質の表し方）は**組成式**という（$NaCl$ は分子式ではない）．イオン結晶は融点が比較的高く，硬いがもろく崩れやすい．また，結晶には電気伝導性がないが，水溶液中では陽イオンと陰イオンに電離するため，水溶液は電気伝導性を示す．

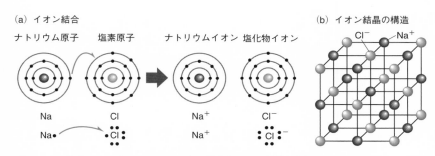

(a) イオン結合　　　　　　　　　　　　　　　　　　　(b) イオン結晶の構造

ナトリウム原子　塩素原子　ナトリウムイオン　塩化物イオン

Na　　　Cl　　　　Na^+　　　Cl^-

Na・　　・Cl　　　　Na^+　　　Cl

図 2・2　塩化ナトリウム NaCl のイオン結合とイオン結晶　（a）Na 原子と Cl 原子の間では，Na が最外殻電子1個を放出して Na^+ になり，Cl が Na から放出された電子1個を最外殻に受取り Cl^- になる．（b）原子間の電子の授受で生成した陽イオンと陰イオンの間の静電的な引力によってイオン結晶が形成される．イオンの種類と大きさの組合わせによって，結晶を構成するイオン粒子の配置は異なる．

■ **例題 2・3**　次のイオンがイオン結合して生じる化合物の組成式を書け．
1）K^+ と Cl^-　　　2）Mg^{2+} と O^{2-}　　　3）Ca^{2+} と Cl^-　　　4）Al^{3+} と Cl^-
　解　答
1）KCl　　　2）MgO　　　3）$CaCl_2$　　　4）$AlCl_3$

2・2　金属結合

　鉄 Fe や銅 Cu などの金属すなわち**金属結晶**は，金属原子どうしの**金属結合**によってできている．金属原子はイオン化エネルギーが小さく，最外殻電子が外れて陽イオンになりやすい．金属結合では，陽イオンになった金属原子（金属陽イオン）が並んでいる隙間を，外れた最外殻電子が原子に拘束されずに自由に動き回ることで金属陽イオンどうしを結びつけている．このような電子を**自由電子**という（図2・3a）．自由電子の存在は金属の熱伝導性，電気伝導性と密接に関係している．つまり，加熱すると非常に軽くて小さい自由電子は激しく動き回るの

で，熱伝導を担う．電圧をかけると自由電子が陽極にひかれて動くため，金属に電気が流れる（図2・3b）．また，金属陽イオンどうしが並んでいるかぎり，金属をたたいたり，引き延ばしたりして変形させることができる．これを**展性**または**延性**という（図2・3c）．

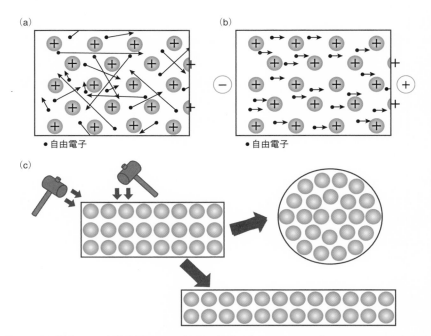

図 2・3　金属イオンと自由電子および金属の特徴　金属陽イオンが並んでいる隙間を自由電子は自由に動き回るため，金属を加熱すれば吸収した熱を金属内に伝える熱伝導性を示し(a)，金属に電圧をかけると陽極に向かって動き電気伝導性を示す (b)．また，自由電子の存在が糊のように金属陽イオンどうしを結びつけているだけで配置や並び方に規則性はないため，金属は自在に変形させることができる (c)．

2・3　共有結合

2・3・1　ルイス構造式と分子

　貴ガス元素以外の非金属元素の原子どうしが，それぞれの原子の最外殻を閉殻構造にするように互いの最外殻電子を共有し合って形成する結合を**共有結合**という．どのように電子を共有するのかを表す方法として，元素記号に最外殻電子を点●で書き添える**ルイス構造式**（点電子式ともいう）を用いる．

　まず，第1章で述べた電子配置に基づいて元素記号の周囲4辺に最外殻電子を点●で表す．電子対 ⁞ を形成していない電子を**不対電子**とよび，これが別の原子に存在する不対電子と対を形成して軌道を埋めると（**共有電子対の形成**），共有結合が一つ形成されたと考える．不対電子の数は，その原子が共有結合を形成できる数に相当し，これを**原子価**という．図2・4(a)に示した水素分子の例では，水素原子どうしが一つずつ不対電子をもっているので，これらが共有電子対をつくり一つの共有結合でつながれているということになる．一方，原子にもともと

存在し，共有結合にかかわらない電子対を**非共有電子対**という．図2・4(b)の例では，酸素原子は2組の非共有電子対をもち，2個の不対電子をもつことを示している．この2個の不対電子が2個の水素原子と共有結合をつくり水分子 H_2O を形成している．

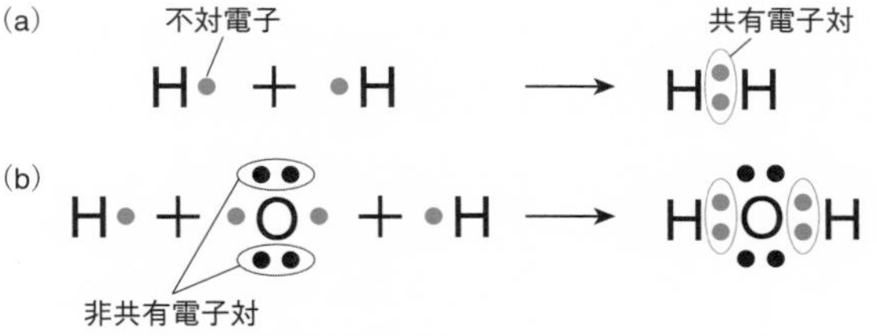

(a) 不対電子　共有電子対

H・ + ・H ⟶ H:H

(b)

H・ + ・Ö・ + ・H ⟶ H:Ö:H

非共有電子対

図 2・4　ルイス構造式で表した共有結合　(a) H原子2個が，それぞれの最外殻K殻に存在する不対電子を出し合って1組の共有電子対を形成すると，両電子ともK殻に2個の電子がおさまる閉殻構造に到達し安定する．こうして水素分子 H_2 ができる．(b) O原子は，最外殻L殻に2組の非共有電子対と2個の不対電子をもつ．不対電子がそれぞれH原子のK殻に存在する不対電子と共有電子対を形成すると，H原子のK殻とO原子のL殻のいずれも閉殻構造に到達し安定する．こうして水分子 H_2O ができる．

1組の共有電子対を1本の線（価標）で表し，非共有電子対を表す点を消すと一般的な**構造式**になる．二つの元素記号を1本の価標で結ぶ結合は**σ結合**，または**単結合**という．共有結合からなる単体，化合物のうち，ルイス構造式または構造式で区切りよく表すことができる物質を**分子**（物質を構成する最小の粒子単位）とよぶ．ダイヤモンドやグラファイト（黒鉛）は炭素原子が共有結合してできている物質だが，構造式に区切りがつけられないため，分子とはよばない．すでに電子配置が閉殻構造になっている He や Ar などの貴ガス元素は単原子分子となる．

■ **例題2・4**　水素原子，窒素原子，酸素原子がそれぞれ水素分子，窒素分子，酸素分子を形成する様子をルイス構造式および構造式で表せ．

解　答

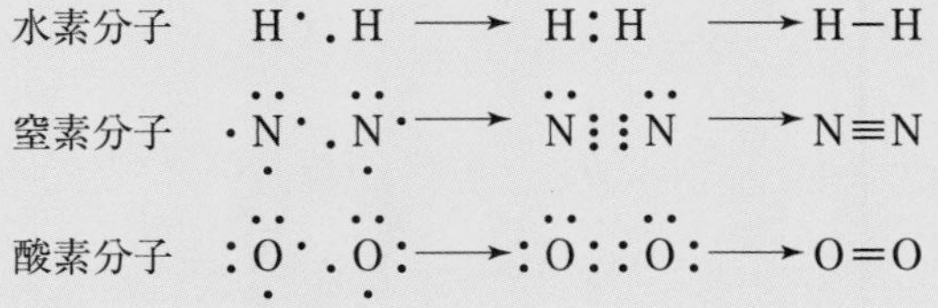

水素分子　　H・・H ⟶ H:H ⟶ H−H

窒素分子　　・N・ ・N・ ⟶ N::N ⟶ N≡N

酸素分子　　:Ö・ ・Ö: ⟶ :Ö::Ö: ⟶ O=O

ルイス構造式を書くときの注意

　共有結合した物質のルイス構造式において，一つの元素記号の周囲には共有電子対および非共有電子対を形成する電子は合計で8個（水素だけはK殻に2個）存在している．共有電子対ばかりに気を取られて，非共有電子対を書き忘れると閉殻構造になっている様子がわからなくなるので，注意しよう．

2・3・2 炭素原子の混成軌道

炭素の最外殻電子は 4 個あり，それらは第 1 章で述べた電子配置のとおりであれば L 殻の 2s 軌道に 2 個 [2s(2)]，三つある 2p 軌道に 2 個 [2p(1, 1, 0)] のように存在するはずである．しかし，2p 軌道の一つが空っぽな状態は不安定なため，2p 軌道の 2 個の電子と非共有電子対を形成している 2s 軌道の 2 個の電子を動員し，一つの s 軌道と三つの p 軌道から四つの等価な軌道（これを **sp^3 混成軌道**という）をつくりあげ，それぞれの軌道に不対電子が配置される (1, 1, 1, 1)．新しくできた四つの混成軌道は負電荷どうしの反発を避けるため，空間的にそれぞれが最も離れた位置に存在する．その結果，四つの不対電子がすべて共有結合を形成すると，結合した原子や置換基は炭素原子を中心にした四面体の頂点に位置する．メタン CH_4 を例にすると，四つの C−H 結合について互いの結合間の角度（結合角）はすべて 109.5° になっている（図 2・5）．

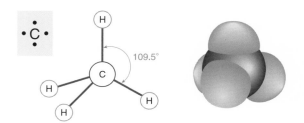

図 2・5　メタン CH_4 の結合

炭素より電子が 1 個多い窒素でも sp^3 混成が起こり，五つの最外殻電子は sp^3 混成軌道に (2, 1, 1, 1) のように存在している．さらにもう 1 個電子が多い酸素は (2, 2, 1, 1) となる．これらがもつ非共有電子対は負電荷が大きく，共有電子対との間や非共有電子対どうしで反発が起こるため，アンモニア NH_3 や水 H_2O において結合角は 109.5° から少しずれる（図 2・6）．

(a) アンモニア　　　　　　　　　　　　(b) 水

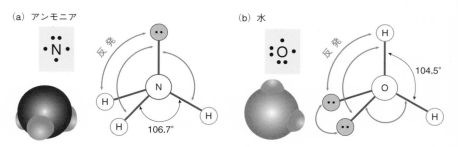

図 2・6　アンモニア (a) と水 (b) の結合

炭素原子は 2s 軌道と二つの 2p 軌道から **sp^2 混成軌道**もつくることができる（図 2・7a）．この場合，中心原子から正三角形の頂点に伸びる等価な三つの混成軌道と，その正三角形を置いた平面に対して直交する一つの p 軌道（sp^2 混成に使われなかった軌道）の計 4 軌道に不対電子が存在する．同じ sp^2 混成軌道をもつ炭素原子どうしが隣りに並ぶと，混成軌道どうしで共有結合が形成されるだけ

でなく，p軌道どうしでも共有結合を形成する．このように混成軌道に参加しないp軌道の不対電子が形成する共有結合を**π結合**とよぶ（図2・7b）．構造式においては，σ結合とπ結合を合わせた2本線で元素記号の間を結ぶことから**二重結合**という．2個の炭素原子が二重結合を形成し，残るsp²混成軌道の不対電子が水素原子の不対電子と共有結合（こちらはσ結合）を形成するとエチレンC_2H_4ができる．

　また，炭素原子や窒素原子では2s軌道と一つの2p軌道から**sp混成軌道**もつくられる（図2・8a）．等価な二つの混成軌道は中心原子から直線上反対方向に

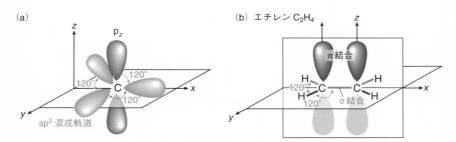

図 2・7　sp² 混成軌道とエチレンの結合

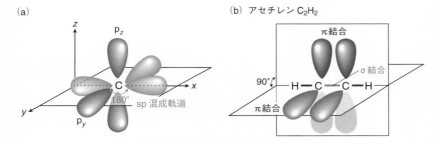

図 2・8　sp 混成軌道とアセチレンの結合

ホウ素の不思議

　炭素より電子が1個少ないホウ素Bの場合はどうなるだろう？　ホウ素の最外殻電子は3個で電子配置は2s(2)，2p(1, 0, 0)である．炭素のようにsp³混成軌道を用意しても電子の数が不足する．同じ13族である金属元素のアルミニウムのように3個の電子を放出して陽イオンを形成してもよさそうなものだが，ホウ素の場合，原子核の影響から第一イオン化エネルギーが大きく，アルミニウムよりイオン化しにくい．そこで，空っぽのp軌道を一つ残し，三つのsp²混成軌道をつくってそれぞれに不対電子を入れる．この軌道が共有結合を形成すると，ホウ素原子を中心に正三角形の頂点に他の原子や置換基が位置する．ホウ素は原子価が3，すなわち三つの共有結合を形成するが，閉殻構造に到達せず，空のp軌道が示す求電子性により有機化学の反応において重要な役割を担う．

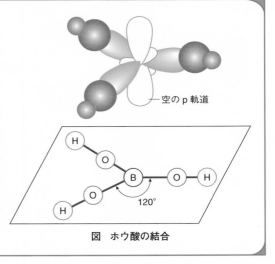

図　ホウ酸の結合

伸び，混成していない二つの p 軌道は直線に直交させた二つの平面上に存在する．sp 混成軌道をもつ原子どうしの間には，一つの σ 結合と二つの π 結合からなる**三重結合**が形成される（図 2・8b）．2 個の炭素原子が三重結合を形成し，残る sp 混成軌道の不対電子が水素原子の不対電子と共有結合（こちらは σ 結合）を形成するとアセチレン C_2H_2 ができる．

σ 結合のみからなる単結合では，結合方向を軸として回転させることができるが，多重結合においては π 結合が回転を妨げる性質をもつ（図 2・9）．この性質は分子構造を考えるうえで重要である．

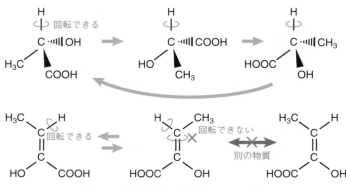

図 2・9　単結合と二重結合における回転

■ **例題 2・5**　メタノール CH_3OH，二酸化炭素 CO_2 をそれぞれルイス構造式および構造式で表せ．

解 答

$$
\text{メタノール}\qquad
\begin{array}{c}
\ddot{H} \\
H\!:\!C\!:\!\overset{\cdots}{\underset{\cdots}{O}}\!:\!H \\
H
\end{array}
\longrightarrow
\begin{array}{c}
H \\
\mid \\
H-C-O-H \\
\mid \\
H
\end{array}
$$

$$
\text{二酸化炭素}\qquad :\!\overset{\cdots}{O}\!::C::\!\overset{\cdots}{O}\!: \longrightarrow O=C=O
$$

2・3・3　電気陰性度と分子の極性

水素分子 H_2 や酸素分子 O_2 のように同じ原子どうしが結合する共有結合では，共有電子対を引きつける原子の力が等しいため電子の存在に偏りが生じない．しかし，異なる原子間に存在する共有電子対では，電子を引きつける力が強い原子の方へ電子の存在確率が偏る．このような共有電子対を引きつける力の強さを**電気陰性度**という．図 2・10 に示すように同一周期の元素では原子番号が大きいほど原子核の正電荷が増えるため電気陰性度の値は大きくなる（ハロゲン族で最大）．同一族の元素では原子番号の小さい元素ほど原子核から共有電子対，すなわち最外殻の電子までの距離が近いため大きな値になる．

電子密度の偏りがある結合は**分極**しているという．たとえば，N−H 結合は電

子密度が N に偏っており，N がわずかに負の電荷を帯び，反対に H が正の電荷を帯びている．この様子は $N^{\delta-}-H^{\delta+}$ で表す．O−H 結合も分極しており，$O^{\delta-}-H^{\delta+}$ と表す．分極の影響が分子全体に及んでいるアンモニア分子 NH_3 や水分子 H_2O などを**極性分子**とよぶ．一方，二酸化炭素 CO_2 は，一つずつの C=O 結合は分極しているものの，二つの結合が炭素を中心に直線上反対方向に向くため，分子全体には電子の偏りが生じていない．メタン CH_4 の場合も，C−H 結合に生じる電子の偏りがもともと小さく，さらに四つの結合が正四面体の中心から頂点に向かって伸びることから，分子全体としては電子の偏りがなくなる．このような分子を**無極性分子**とよぶ．

δ: "わずかな，小さい" の意味

H 2.20																	
Li 0.98	Be 1.57											B 2.04	C 2.55	N 3.04	O 3.44	F 3.98	
Na 0.93	Mg 1.31											Al 1.61	Si 1.90	P 2.19	S 2.58	Cl 3.16	
K 0.82	Ca 1.00	Sc 1.36	Ti 1.54	V 1.63	Cr 1.66	Mn 1.55	Fe 1.83	Co 1.88	Ni 1.81	Cu 1.90	Zn 1.65	Ga 1.81	Ge 2.01	As 2.18	Se 2.55	Br 2.96
Rb 0.82	Sr 0.95	Y 1.22	Zr 1.33	Nb 1.6	Mo 2.16	Tc 1.9	Ru 2.2	Rh 2.28	Pd 2.20	Ag 1.93	Cd 1.69	In 1.78	Sn 1.96	Sb 2.05	Te 2.1	I 2.66
Cs 0.79	Ba 0.89	*	Hf 1.3	Ta 1.5	W 2.36	Re 1.9	Os 2.2	Ir 2.20	Pt 2.28	Au 2.54	Hg 2.00	Tl 1.62	Pb 2.33	Bi 2.02	Po 2.0	At 2.2
Fr 0.7	Ra 0.9	**														

* ランタノイド	La 1.10	Ce 1.12	Pr 1.13	Nd 1.14	Pm —	Sm 1.17	Eu —	Gd 1.20	Tb —	Dy 1.22	Ho 1.23	Er 1.24	Tm 1.25	Yb —	Lu 1.27
** アクチノイド	Ac 1.1	Th 1.3	Pa 1.5	U 1.38	Np 1.36	Pu 1.28	Am 1.3	Cm 1.3	Bk 1.3	Cf 1.3	Es 1.3	Fm 1.3	Md 1.3	No 1.3

図 2·10　元素の電気陰性度　ポーリングによる値

　塩化水素 HCl では，H と Cl の間の電気陰性度の差がきわめて大きいため，H と Cl はそれぞれ陽イオン（水素イオン H^+），陰イオン（塩化物イオン Cl^-）としてふるまう．そのため，H−Cl 結合はイオン結合性をもつ共有結合といえる（イオン結合に分類されることもあるが，分子とみなすには共有結合と考えた方がよい）．

　イオン結合性の共有結合をもつ炭酸 H_2CO_3，酢酸 CH_3COOH，リン酸 H_3PO_4 などは，水素イオンの対となる陰イオンとして**分子イオン**を生成する．炭酸イオン $CO_3{}^{2-}$，酢酸イオン CH_3COO^-，リン酸イオン $PO_4{}^{3-}$ などがあり，**多原子イオン**ともいう．

2·4　配 位 結 合

　ある分子内にある非共有電子対が，水素イオンや金属陽イオンがもつ空の軌道に入ってできる結合を**配位結合**という．たとえば，アンモニア NH_3 と水素イオン H^+ からはアンモニウムイオン $NH_4{}^+$ という分子イオン（多原子イオン）が生

成する．このとき，アンモニア分子の N–H 結合と配位結合で生じた N–H$^+$ 結合の区別はつかなくなるため，アンモニウムイオンの構造式は次のように表される．

$$
\begin{array}{c}
H^+ \\
\uparrow \\
H : \overset{\cdot\cdot}{N} : H \\
\overset{\cdot\cdot}{H}
\end{array}
\longrightarrow
\left[
\begin{array}{c}
H \\
\cdot\cdot \\
H : \overset{\cdot\cdot}{N} : H \\
\overset{\cdot\cdot}{H}
\end{array}
\right]^+
\longrightarrow
\left[
\begin{array}{c}
H \\
| \\
H-N-H \\
| \\
H
\end{array}
\right]^+
$$

2・5　分子間の相互作用（分子間力）

2・5・1　水 素 結 合

　水分子 H_2O 内にある二つの O–H 結合の結合角は 180° ではなく 104.5° であるため，H_2O は分子全体として分極している．$O^{\delta-}-H^{\delta+}$ の H は，別の H_2O 分子の O と静電的な引力による相互作用をする．この相互作用を**水素結合**といい，点線で表す．水の温度を下げていくと分子運動が低下し，H_2O 分子どうしが水素結合により規則正しく並んで氷の結晶ができあがる．

　O–H 結合だけでなく N–H 結合の H も分子内あるいは分子間に存在する O–H 結合の O や N–H 結合の N と水素結合をする．このような水素結合はさまざまな分子間の相互作用にみられ，たとえば細胞内にあるデオキシリボ核酸（DNA）の二重らせん構造や機能を支える相補的な塩基対を形成している．

2・5・2　疎 水 結 合

　分極の度合いが小さい C–H 結合からなる分子，あるいはそのような非極性の分子内領域をもつ物質は，水のような極性分子に反発して非極性の分子・領域どうしが接するように存在することで安定化する．この様子を**疎水性相互作用**または**疎水結合**という．特定の原子間に起こる水素結合とは異なり，水のような極性溶媒が疎水性物質から排除されることにより起こる．極性領域と非極性領域の両方を含む高分子のタンパク質が，水溶液中で極性領域を水分子に直接接し，非極性領域をタンパク質内部に埋め込むように折り畳まれた立体構造をとるのは，疎水結合によるところが大きい．

2・5・3　ファンデルワールス力

　無極性分子どうしでも，分子間の距離が近づいたときには瞬間的に分極した部分が引き金となって分子間に弱い引力が作用する．この力を**ファンデルワールス力**という．たとえば，二酸化炭素 CO_2 は圧力をかけて低温にすると CO_2 分子が近接してファンデルワールス力によりドライアイスという**分子結晶**をつくる．これを常温常圧に置くと，CO_2 分子が弱いファンデルワールス力を振り切って飛散していくため速やかに気体に変わる．このように固体が液体状態を経ることなく気体に変化する現象を**昇華**という．ヨウ素 I_2 分子もファンデルワールス力により分子結晶を形成するため，昇華が起こる．

章 末 問 題

問題 2・1　次の物質を構成する原子間の結合の名称を答えよ.

- a) 亜鉛
- b) グルコース
- c) 過酸化水素
- d) 塩化カリウム
- e) 銅
- f) リン酸
- g) 酸化マグネシウム
- h) 塩化アンモニウム

問題 2・2　塩化水素 HCl, 酢酸 CH_3COOH, エタノール CH_3CH_2OH を, それぞれルイス構造式および構造式で表せ.

問題 2・3　次の物質から極性分子を選べ.

$$CCl_4,\ HCCl_3,\ CO_2,\ H_2CO_3,\ C_2H_6,\ HI,\ NH_3$$

有機化合物—特徴と立体化学

■ 3・1 有機化合物の特徴，構造と命名法

　広辞苑によると生物のような生活機能をもつものを**有機体**といい，もともとは有機体が生産する物質や代謝物を**有機化合物**とよんだ．栄養素である炭水化物，タンパク質，脂質，ビタミンはすべて有機化合物である．これら有機化合物には，次のような特徴がある．

1) 燃焼すると二酸化炭素 CO_2 と水 H_2O を生じる
2) 炭素 C，水素 H，酸素 O をおもな構成元素とする分子が多く，ほかにも窒素 N，硫黄 S，リン P など限られた元素を含む
3) 水に溶ける物質だけでなく，有機溶媒（アルコール，トルエンなど）に溶けるものが多い

どの有機化合物にも**炭素**が含まれており，炭酸塩などの簡単な化合物を除いた炭素化合物は有機化合物とみなす．現在では，このような性状の化合物を人間が合成したものも含めて有機化合物という．

　有機化合物は炭素骨格の形状や結合の様子，構成元素の種類などによって図3・1のように大まかに分類できる．炭素と水素だけからなる有機化合物を**炭化水素**といい，単結合（C と C を 1 本の共有結合でつなぐ結合様式）のみで結合

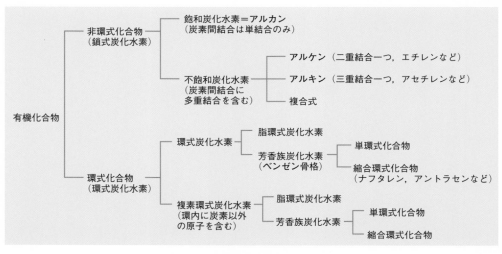

図 3・1　有機化合物の種類と分類

しているものを**飽和炭化水素**，多重結合（CとCを2本以上の共有結合でつなぐ結合様式，二重結合や三重結合）を含むものを**不飽和炭化水素**という．直鎖の飽和炭化水素は**アルカン**，二重結合を一つ含むと**アルケン**，三重結合を一つ含むと**アルキン**とよぶ.

　非環式飽和炭化水素の**アルカン**は，一般式でC_nH_{2n+2}（nは分子中の炭素原子の数）で表すことができる．炭素の数が一つ増減すると$-CH_2-$（メチレン基）が一つ分増減する．枝分かれ構造のないアルカンは，炭素の原子数に従って命名し，枝分かれがある場合は最も長い直鎖（主鎖）の炭素数をもとに命名する（表3・1）．枝分かれ部位に付加した原子あるいは原子団は**置換基**とよばれる．主鎖上の置換基の位置番号が小さくなるように主鎖の炭素に番号をつけ，位置番号→置換基名→アルカン名の順に構造がわかるよう命名する．炭素と水素だけからなり，不飽和結合を含まない置換基を**アルキル基**とよぶ．アルキル基には同じ炭素数でできたアルカンの語尾 -ane を -yl に変えた名称をあてる．同じ置換基が複数存在する場合は，ジ（di），トリ（tri），テトラ（tetra）といった接頭語を置換基

表 3・1　非環式飽和炭化水素の基本的な命名法

主鎖の炭素数 (n)	数値の接頭語	アルカン名 alkane (C_nH_{2n+2})	アルキル基名 alkyl group ($-C_nH_{2n+1}$)	アルケン名 alkene (C_nH_{2n})	アルキン名 alkyne (C_nH_{2n-2})
1	mono モノ	methane[†1] メタン	methyl メチル	—	—
2	di ジ	ethane[†1] エタン	ethyl エチル	ethene エテン (ethylene[†2] エチレン)	ethyne エチン (acetylene[†2] アセチレン)
3	tri トリ	propane[†1] プロパン	propyl プロピル	propene プロペン	propyne プロピン
4	tetra テトラ	butane[†1] ブタン	butyl ブチル	butene ブテン	butyne ブチン
5	penta ペンタ	pentane ペンタン	pentyl ペンチル	pentene ペンテン	pentyne ペンチン
6	hexa ヘキサ	hexane ヘキサン	hexyl ヘキシル	hexene ヘキセン	hexyne ヘキシン
7	hepta ヘプタ	heptane ヘプタン	heptyl ヘプチル	heptene ヘプテン	heptyne ヘプチン
8	octa オクタ	octane オクタン	octyl オクチル	octene オクテン	octyne オクチン
9	nona ノナ	nonane ノナン	nonyl ノニル	nonene ノネン	nonyne ノニン
10	deca デカ	decane デカン	decyl デシル	decene デセン	decyne デシン
11	undeca ウンデカ	undecane ウンデカン	undecyl ウンデシル	undecene ウンデセン	undecyne ウンデシン
12	dodeca ドデカ	dodecane ドデカン	dodecyl ドデシル	dodecene ドデセン	dodecyne ドデシン
13	trideca トリデカ	tridecane トリデカン	tridecyl トリデシル	tridecene トリデセン	tridecyne トリデシン

†1　数値を表す接頭語を使わない例外．†2　慣用名
［注］　これ以外に，20は icosa（イコサ）もしくは eicosa（エイコサ），22は docosa（ドコサ），24は tetracosa（テトラコサ）．

の前につける．環式アルカンの場合は，環を表す"シクロ（cyclo）"をアルカン
名の前につけて命名する．

> ■ **例題 3・1** EPA はエイコサペンタエン酸，DHA はドコサヘキサエン酸の略で
> ある．炭素数と二重結合数はそれぞれいくつあるか．
>
> **解 答** EPA（エイコサペンタエン酸）は，エイコサより炭素数 20 個，ペンタ
> エンつまりエン（二重結合）がペンタ（5）なので二重結合数 5 個．
> DHA（ドコサヘキサエン酸）は，ドコサより炭素数 22 個，ヘキサエンつまり
> エン（二重結合）がヘキサ（6）なので二重結合数 6 個．

構造式は炭素原子の数と主鎖の形がわかるように略記することができる．たと
えば，ペンタンは炭素数 5 個の直鎖飽和炭化水素であり*，次のように表せるが，

* 直鎖を明示する必要の
あるときには n-ペンタン
のように n（ノルマル）をつ
けることもある．

$$
\begin{array}{ccccc}
\text{H} & \text{H} & \text{H} & \text{H} & \text{H} \\
| & | & | & | & | \\
\text{H}-\text{C}-\text{C}-\text{C}-\text{C}-\text{C}-\text{H} \\
| & | & | & | & | \\
\text{H} & \text{H} & \text{H} & \text{H} & \text{H}
\end{array}
$$

$CH_3CH_2CH_2CH_2CH_3$，または，$CH_3(CH_2)_3CH_3$ と表すこともできる．さらに，炭
素骨格を直線で表す次のような方法もある．

$$H_3C \bigwedge CH_3 \quad \text{または} \quad \bigwedge$$

ただし，これらはあくまで平面上に構造式を描くための方法である．§2・3・
2 で述べたように，炭素どうしあるいは炭素と水素の間の共有結合（単結合）は
炭素原子を中心とした正四面体の頂点に向かって形成されているため，実際のア
ルカンの構造は立体的でかさ高い．また，炭素どうしの単結合は結合部分を軸に
自由に回転することができるため，炭素数の大きいアルカンで主鎖が伸びる方向
は回転の度合いに応じて異なり，無限ともいえる種類の立体構造をとりうる．

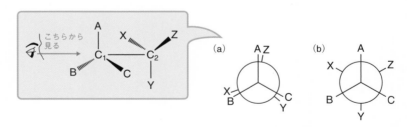

図 3・2 ニューマン投影式 (a)は手前と奥の炭素から伸びる結合が重なっているが，
炭素間の単結合（C_1–C_2）が回転すると(b)のように重ならない立体配座になる．

単結合における回転によって相互に変換できる空間的な原子の配置のことを**立
体配座**もしくは**コンホメーション**とよび，ある一つの単結合について周りの立体
配座をみるときは，**ニューマン投影式**を用いると便利である．ニューマン投影式
は炭素−炭素結合の軸を手前から眺めた図で，奥の炭素を円で描き，そこから伸
びる三つの結合は円の縁から外に向かう一方，手前の炭素から伸びる三つの結合

は円の中心から外に向かうように描く（図3・2）．手前と奥の炭素どうしの単結合が回転すると，両原子から伸びる三つの結合どうしが重なる形と，重ならずねじれた形，さらにその中間状態が存在する．これらはどの形も同程度の割合で存在するのではなく，置換基どうしの立体障害が起こりにくい形が安定で優勢となる．

　環式アルカン（シクロアルカン）になると，環状構造になるため単結合の自由回転に制限が加わる．たとえば，シクロヘキサンはおもにいす形と舟形という二つの立体配座を相互に変換するようになる（図3・3）．どちらも結合角にひずみがなく安定な構造といえるが，いす形は炭素あるいは水素どうしが遠くなるため，舟形と比べて安定な構造になっている．

図 3・3　シクロヘキサンの立体配座

　多重結合は単結合のように自由回転できない．アルケンの場合は，置換基がつく方向によって**シス**（*cis*-もしくは*Z*-），**トランス**（*trans*-もしくは*E*-）の**異性体**が存在する（図3・4）．

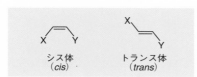

図 3・4　シス体とトランス体　化合物 X−CH＝CH−Y の例．トランス体は置換基どうしが遠く，熱力学的にシス体よりも安定である．

■ **例題 3・2**　次の名称をもつ炭化水素の構造式を書け．
1) 2-メチルペンタン
2) 2,2-ジメチルペンタン
3) 2,3-ジメチルペンタン
4) 2,3,4-トリメチルペンタン
5) 1-ヘキセン
6) 2-ヘキセン（シス体とトランス体）

　解　答

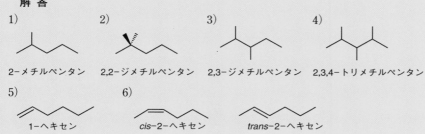

* 分子間相互作用が働いている液体に熱エネルギーを与えて分子の運動を活発にすると，液面から分子が外へ飛び出す（蒸発）．そのときの温度を**沸点**という（§5・4参照）．分子間相互作用が強い分子はそれを断ち切るほどの激しい運動をするのに多くの熱エネルギーを必要とする（沸点が高くなる）．反対に，分子間相互作用が弱い分子では熱エネルギーが少なくても蒸発が起こる（沸点が低い）．

アルカンは非極性分子であるため水に溶けにくく（**疎水性**），炭素数が多くなるごとに疎水性は強くなる．また，非極性分子間では相互作用が起こりにくいため，同じくらいの分子量をもつ他の極性分子と比べて沸点が低い傾向がある．一方で，アルカンどうしで沸点の高さを比べると，炭素数の多少よりも分子形状の影響を受けることがわかる（表3・2）．すなわち，鎖長が長いアルカンでは非極性分子間の相互作用（ファンデルワールス力，疎水性相互作用など）が起こる表面積が大きいため沸点が高くなり，枝分かれ構造が多く分子形状が球形に近いものは相互作用が弱くなり沸点が低くなる*．

表 3・2　アルカンの沸点

分子式	名　称	沸点(℃)
CH_4	メタン	−161
C_2H_6	エタン	−89
C_3H_8	プロパン	−42
C_4H_{10}	ブタン	−0.5
C_5H_{12}	ペンタン 2-メチルブタン 2,2-ジメチルプロパン	36 28 9.5
C_6H_{14}	ヘキサン 2-メチルペンタン 2,2-ジメチルブタン	69 60 49.7
C_7H_{16}	ヘプタン	98
C_8H_{18}	オクタン	126

3・2　主要な官能基

アルキル基以外の置換基を**官能基**とよぶ．おもな官能基を表3・3に示す．同じ官能基をもつ分子は化学的挙動が似てくるため，官能基の種類やその性質は，有機化合物の化学的特徴を理解したり化合物を分類したりするときに重要である．

■ **例題3・3**　次のアミノ酸の構造にはどのような官能基がそれぞれいくつあるか，答えよ．

1) グルタミン

2) グルタミン酸

$$H_2N-\overset{\overset{\displaystyle O}{\|}}{C}-CH_2-CH_2-\underset{\underset{\displaystyle NH_2}{|}}{CH}-\overset{\overset{\displaystyle O}{\|}}{C}-OH$$

$$HO-\overset{\overset{\displaystyle O}{\|}}{C}-CH_2-CH_2-\underset{\underset{\displaystyle NH_2}{|}}{CH}-\overset{\overset{\displaystyle O}{\|}}{C}-OH$$

3) リシン

4) システイン

$$H_2N-CH_2-CH_2-CH_2-CH_2-\underset{\underset{\displaystyle NH_2}{|}}{CH}-\overset{\overset{\displaystyle O}{\|}}{C}-OH$$

$$HS-CH_2-\underset{\underset{\displaystyle NH_2}{|}}{CH}-\overset{\overset{\displaystyle O}{\|}}{C}-OH$$

解 答
1) アミノ基，カルボキシ基，アミド基
2) アミノ基，カルボキシ基（×2）
3) アミノ基（×2），カルボキシ基
4) アミノ基，カルボキシ基，スルファニル基

表 3・3　主要な官能基

官能基 （一般式）	名 称	一般名	特 徴	化合物の例
R—〈ベンゼン環〉	フェニル基	芳香族	ベンゼン環構造を置換基にもつ．フェニル基は疎水性である．単結合と二重結合が交互に入れ替わる共役二重結合により，H 原子が置換されてさまざまな化合物が生じる．	トルエン
R—O—H	ヒドロキシ基 （水酸基）	アルコール	O 原子の電子求引性により極性をもち，親水性である．アルコール分子どうしで水素結合を形成するため，同じ炭素数のアルカンより沸点は高い．	メタノール，エタノール，フェノール
R—C(=O)—R′	カルボニル基	ケトン	O 原子が電子求引性をもつため，カルボニル炭素は弱い正電荷を帯びる．反応性が高い．	アセトン，ベンゾフェノン
R—C(=O)—H	ホルミル基	アルデヒド	カルボニル基を含み，極性をもち，親水性である．反応性が高く，酸化されるとカルボン酸（R-COOH）になる．	ホルムアルデヒド，アセトアルデヒド，ベンズアルデヒド
R—C(=O)OH	カルボキシ基	カルボン酸	カルボニル基にヒドロキシ基がついている．親水性で H^+ を放出し酸性を示す．	ギ酸，酢酸，安息香酸
R—C(=O)—O—R′	エステル基	エステル	カルボン酸とアルコールが脱水縮合している．加水分解を受けやすい．果実や花の香気に寄与するものが多い．アミンと反応するとアミド結合を形成する．	酢酸メチル，酢酸エチル
R—N(H)(H)	アミノ基	アミン	親水性で H^+ を受取り，塩基性を示す．	メチルアミン，アニリン
R—C(=O)—NH₂	アミド基	アミド	カルボン酸とアミンが脱水縮合している．水素結合を形成する．ペプチドやタンパク質においてはそれらの高次構造の要因になっている	ホルムアミド，アセトアミド，ベンズアミド
R—N(+)(=O)(O⁻)	ニトロ基	ニトロ化合物	強い電子求引性をもつ．多数のニトロ基をもつ化合物は爆発性を示す場合がある．	ニトロメタン，ニトロベンゼン
R—O—R′	エーテル基	エーテル	O 原子の非共有電子対により，ルイス塩基性，水素結合形成性を示す．水とわずかに混和する．エーテル分子どうしでは水素結合ができないため，同じ炭素数のアルコールより沸点は低い．	ジエチルエーテル
R—SH	スルファニル基 （スルフヒドリル基）	チオール	S 原子の電子求引性により，極性をもち，親水性である．酸化剤により酸化されやすく，SH 基間でジスルフィド結合（R-S-S-R′）を形成する．ジスルフィド結合は還元剤の作用で，もとのチオールに戻る．	メタンチオール
R—C≡N	シアノ基またはニトリル基	シアニド，シアノ化合物，またはニトリル化合物	通常条件では猛毒のシアン化水素（HCN，青酸）を発生しないが，生体内で代謝されると HCN が生じることがあるので，注意を要する．	アセトニトリル，ベンゾニトリル

　3・3　立体化学——アミノ酸，単糖，脂肪酸を例に

3・3・1　立体化学の基礎

　分子式が同じでも構造が異なるものが存在する．これらを**異性体**とよび，いくつかの種類に分けられる（表3・4）．

表 3・4　異性体の種類

異性体の種類	特　徴	代表例
構造異性体	原子の結合の仕方（示性式）が異なる分子どうし．	直鎖あるいは分岐鎖をもつ炭素数が同じアルカンどうし
立体配座による異性体	単結合の回転によって変化する原子団の相対的な配置の違いであり，相互に変換できる．	いす形，舟形のシクロアルカン
立体異性体	構成原子とその結合関係は同じだが，空間的な構造（立体配置）が異なる分子どうしで，通常の条件では相互変換性がない．	
幾何異性体[†]	二重結合をもつ化合物でのシス体とトランス体（IUPACでは置換基の順位規則に基づき，置換基の配置が*cis*では*Z*, *trans*では*E*と表す）．環状化合物で環に結合している置換基の飛び出す向きが，環平面に対して同じ側（シス体）か異なる側（トランス体）かで区別する．	*cis(Z)*　　*trans(E)*　CH₃ ‖‖‖COOH（*cis*）　CH₃ ‖‖‖COOH（*trans*）
エナンチオマー（光学異性体・鏡像異性体）	互いに右手と左手のような鏡像関係にある（対掌性ともいう）分子どうし．各分子は光学活性体（旋光性をもつ）で，エナンチオマーどうしの当量混合物はラセミ体とよばれ，旋光性を示さない．	D-アミノ酸とL-アミノ酸（天然に多い），D-酒石酸とL-酒石酸（天然に多い），D-グルコース（天然に多い）とL-グルコース
ジアステレオマー	不斉炭素を複数もつ化合物のうち，鏡像関係にない分子どうし．	五炭糖，六炭糖が環状構造を形成したときのアノマー（α, β）

異性体: 同じ分子式をもつが構造が異なる分子のこと
†　IUPAC ではジアステレオマーに含むことが推奨されている

　同じ炭素数でも直鎖状のアルカンと分岐鎖をもつアルカンのように，原子の結合の仕方が異なる分子どうしを**構造異性体**という．
　シクロアルカンでは，炭素–炭素間の単結合が回転することで立体配座の異なる異性体が生じるが，異性体どうしは相互に変換できる．一方，構成原子とその結合関係は同じだが，空間的な構造が異なる分子どうしで，相互変換できないものを**立体異性体**とよぶ．立体異性体はさらに，二重結合をもつ化合物におけるシス体，トランス体どうしの関係にあたる**幾何異性体**，L-, D-アミノ酸どうしの

ような鏡像関係にある異性体の**エナンチオマー**（**光学異性体・鏡像異性体**），鏡像関係にない酒石酸どうしや単糖の α-, β-アノマーどうしのような異性体の**ジアステレオマー**に分かれる．

　炭素と単結合している四つの置換基が炭素原子を中心とした正四面体の頂点に配置する構造において，置換基がすべて異なる原子団である場合，中心炭素を**不斉炭素**とよぶ．不斉炭素をもつ化合物では異なる立体配置が生じる．これがエナンチオマーおよびジアステレオマーが存在する理由である．不斉炭素の立体配置については，**フィッシャー投影式**という構造式を用いて表される（図3・5）．

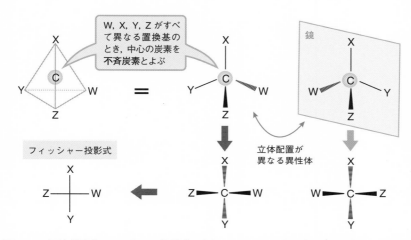

図 3・5　不斉炭素とフィッシャー投影式　右上の二つは同じ分子式でも立体構造が異なり，互いに鏡に映した関係にある鏡像異性体（エナンチオマー）である．フィッシャー投影式（下段左）では不斉炭素の元素記号を省略することができ，炭素を中心に紙面から飛び出す置換基を左右に，紙面の奥に出る置換基を上下に置くように表す．

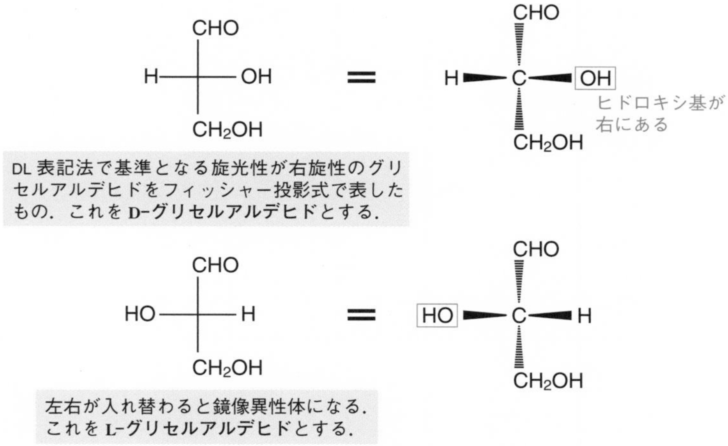

図 3・6　フィッシャー投影式と DL 表記法

　立体配置の異なる二つのグリセルアルデヒド $C_3H_6O_3$ を基準として，旋光性が右旋性のグリセルアルデヒドの立体配置と同様に記述できるものを D 型，左旋性のグリセルアルデヒドと同様に記述できるものを L 型と区別して命名するのが

旋光性：物質（またはその溶液）に直線偏光を当てたときに通過する偏光の偏光面を回転させる性質．光の進行方向に対して右回りに偏光面が回転する場合を**右旋性**（dextrorotatory），左回りの場合を**左旋性**（levorotatory）という．

DL 表記法である．フィッシャー投影式と DL 表記法の関係を図3・6に示す．DL 表記法がしばしば用いられる生体分子として，アミノ酸と糖があげられる．

■ **例題3・4**　□で囲ったフィッシャー投影式で表した化合物と同じ立体配置をとる化合物を，a〜fのなかからすべて選べ．

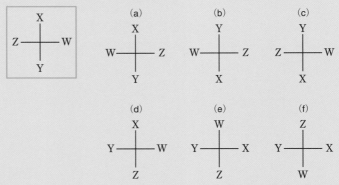

解答　b, e.　フィッシャー投影式において置換基の場所を上下左右または隣りどうしで奇数回入れ替えたものは，もとの化合物に対して鏡像異性体になっている．偶数回入れ替えると，もとの化合物になっている．

酒　石　酸

　ワイン醸造を行うとワイン樽に酒石（tartar）とよばれる結晶が付着する．酒石はブドウ由来の有機酸とカリウムでできた塩で，その有機酸が酒石酸（tartaric acid）と名づけられた．酒石酸は，酵母によるアルコール発酵や牛乳，ワイン，ビールの腐敗を防ぐ低温殺菌法（pasteurization）を発見した，有名なフランスの生化学者・微生物学者ルイ・パスツール（Louis Pasteur, 1822〜1895 年）によって光学異性体の存在が示された物質である．パスツールは，酒石酸塩の結晶には非対称な2種類が存在し，それらが互いに鏡像になっていることを見いだした．さらに，彼は結晶の形をもとに分離した2種類の酒石酸塩が，物質中を通過する直線偏光の偏光面を回転させる性質（旋光性）をもち，それぞれ回転方向が反対であることを発見した．この光学分割の成功から，酒石酸には互いに非対称な2種類の分子が存在することを示した．

HO〜OH構造式　L-酒石酸　｜　D-酒石酸　｜　meso-酒石酸*

* *meso*-体は分子内に不斉炭素をもつが対称面もあるため（*meso*-酒石酸では内側の2, 3位の炭素の間），分子全体で鏡像異性体が存在しない．

3・3・2　アミノ酸の立体異性体

　アミノ酸の基本構造は図3・7のように，α炭素とよばれる中心炭素に水素原子，アミノ基，カルボキシ基，側鎖の四つの置換基が結合している．側鎖には異なる構造が存在しており，側鎖が水素原子のグリシンを除いて他のアミノ酸はすべて不斉炭素をもつ化合物である．自然界にはL-アミノ酸が多く存在し，タンパク質合成にはグリシン以外ではL-アミノ酸が選択的に用いられる．

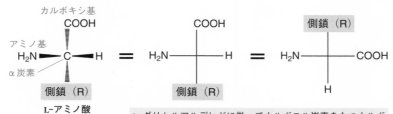

図 3・7 L-アミノ酸のフィッシャー投影式

L-グリセルアルデヒドに倣ってカルボニル炭素をもつカルボキシ基を上に置き，左右の方向にアミノ基と水素原子がくるようにフィッシャー投影式で表す．アミノ基が左側に配置される異性体を L 体，右に配置されるものを D 体とする．

表 3・5 アミノ酸の名称と表記，構造

名　称	3文字表記	1文字表記	構　造	名　称	3文字表記	1文字表記	構　造
非極性アミノ酸（疎水性アミノ酸）				極性アミノ酸（親水性アミノ酸）→水溶液が中性			
アラニン	Ala	A		グリシン	Gly	G	
バリン†	Val	V		セリン	Ser	S	
ロイシン†	Leu	L		トレオニン†	Thr	T	
イソロイシン†	Ile	I		システイン	Cys	C	
メチオニン†	Met	M		アスパラギン	Asn	N	
フェニルアラニン†	Phe	F		グルタミン	Gln	Q	
チロシン	Tyr	Y		酸性アミノ酸→水溶液が酸性			
トリプトファン†	Trp	W		アスパラギン酸	Asp	D	
プロリン	Pro	P		グルタミン酸	Glu	E	
				塩基性アミノ酸→水溶液が塩基性			
				リシン†	Lys	K	
				アルギニン	Arg	R	
				ヒスチジン†	His	H	

† 印をつけたものは生体内で合成できないアミノ酸で**不可欠アミノ酸**（必須アミノ酸）という．ヒスチジンは生体内で合成されるが合成が比較的遅いため，不可欠アミノ酸として扱われる．特に乳幼児の成長に必須である．

　　タンパク質を構成するおもなアミノ酸は，表3・5にまとめた20種類である．

自然界に存在する D-アミノ酸

　タンパク質を構成するアミノ酸のうち，グリシンを除く19種は光学異性体（D-およびL-）をもつが，生命活動においてはL-アミノ酸が優先的に利用されている．しかし，自然界にはD-アミノ酸が使われる場面がある．たとえば，真正細菌の細胞壁成分である**ペプチドグリカン**は，糖鎖をペプチドで架橋した構造をしており，ペプチドの一部はD-アラニンやD-グルタミン酸などで構成されている．昆虫や甲殻類や二枚貝といった海洋生物は，D-セリンやD-アラニンを合成し，変態や水中での浸透圧調節に利用していることが知られている．また近年では，哺乳類の大脳皮質からD-セリンが数百 μM もの高濃度で検出され，神経伝達物質として機能していることが明らかになってきている．

3・3・3　単 糖 類 の 立 体 異 性 体

　糖は**炭水化物**ともよばれ，一般式では $(CH_2O)_n$（n は3以上）で示される化合物である．炭素原子は通常直鎖状につながっており，炭素鎖の長さ（炭素数）に応じた数値の接頭語とオース（-ose）を組合わせて名づけられる．炭素鎖に並んでいる各炭素はヒドロキシ基かカルボニル基と結合しており，不斉炭素が複数存在する化合物となる．炭素鎖の末端にアルデヒド基があるものは**アルドース**，他の炭素にケト基がついているものは**ケトース**とよばれる．アルドヘキソース（炭素6個のアルドース）およびケトヘキソース（炭素6個のケトース）の代表例として，**グルコース**，**フルクトース**をあげ，これら単糖についてのDL表記法を図3・8に示す．アルドースを構成する炭素には，アルデヒド基の炭素から順番に番号が付けられ，ケトースではケト基に近い構造末端の炭素から順番に番号がつけられる．アルドヘキソースだけでみれば，D-グルコースの1位の炭素の立体配

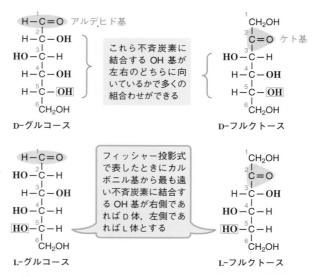

図 3・8　グルコースとフルクトースのフィッシャー投影式による構造と DL 表記法

置が異なると D-マンノース，4 位の炭素の立体配置が異なると D-ガラクトースというように，複数種類の異性体が存在する．

　カルボニル基とヒドロキシ基が炭素三つあるいは四つ離れて存在すると，炭素鎖の折れ曲がりによってカルボニル基とヒドロキシ基の距離が近づき，ヘミアセタールまたはヘミケタールを形成する（図3・9）．その結果，グルコースの場合は一般的に六員環（ピラノース，図3・10），フルクトースの場合は一般的に五員環（フラノース）の構造をとりうる．これら環状の構造は直鎖構造との間を可逆的に変換する．環化の際，カルボニル基の炭素は**アノマー炭素**とよばれる不斉炭素に変わり，これにつくヒドロキシ基（グリコシド性ヒドロキシ基とよぶ）の配置によって α 形と β 形の 2 種類の光学異性体が生じる．糖の環状構造の立体配置を表現する**ハース投影式**において，グリコシド性ヒドロキシ基が下に向く場合を α-アノマー，上に向く場合を β-アノマーとよぶ．

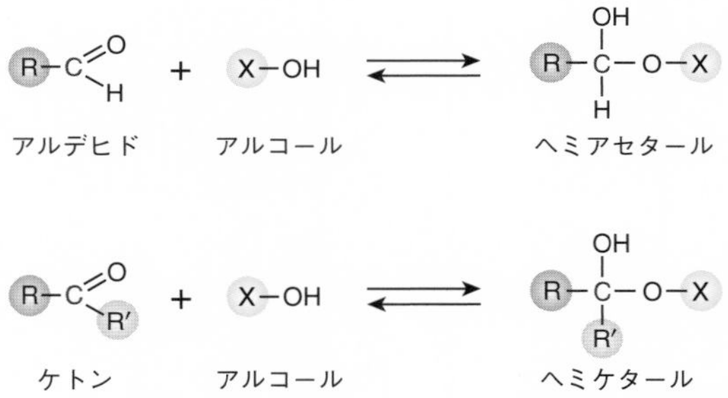

図 3・9　ヘミアセタールおよびヘミケタールの生成過程

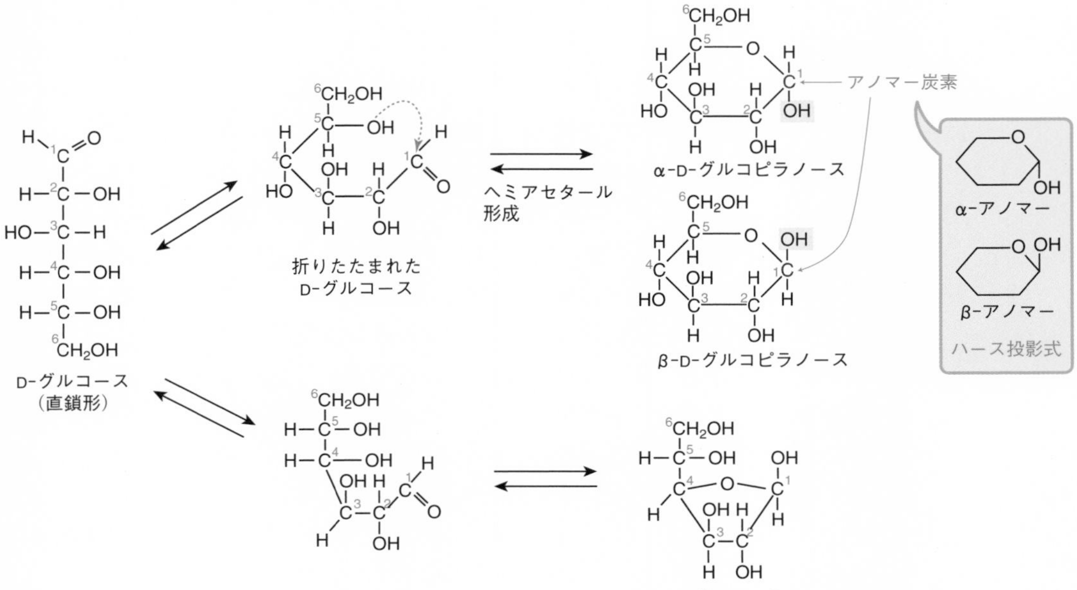

図 3・10　D-グルコースからのピラノース，フラノースの形成　D-グルコースを水に溶解して平衡状態に達したとき，α-D-グルコピラノース：β-D-グルコピラノースが約 4：6 で存在している．

■ **例題3・5**　D-フルクトースの直鎖構造にあるケト基と5位の炭素のヒドロキシ基の間（a），ケト基と6位の炭素のヒドロキシ基の間（b）でヘミケタール形成したときにできる環状構造（いずれもアノマー2種類）を，それぞれハース投影式を用いて描け．

　　解 答

(a) 五員環（フラノース）

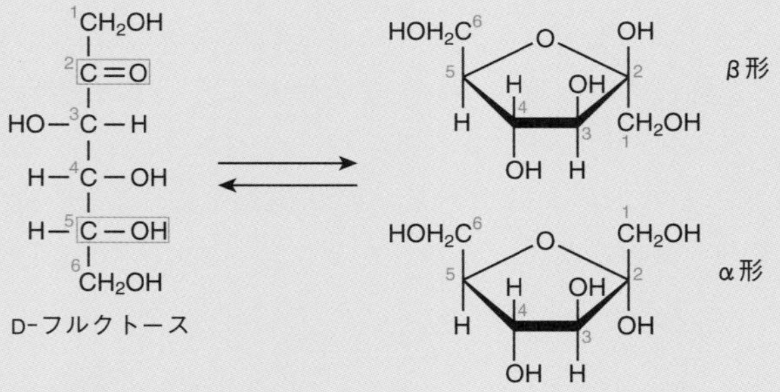

(b) 六員環（ピラノース）

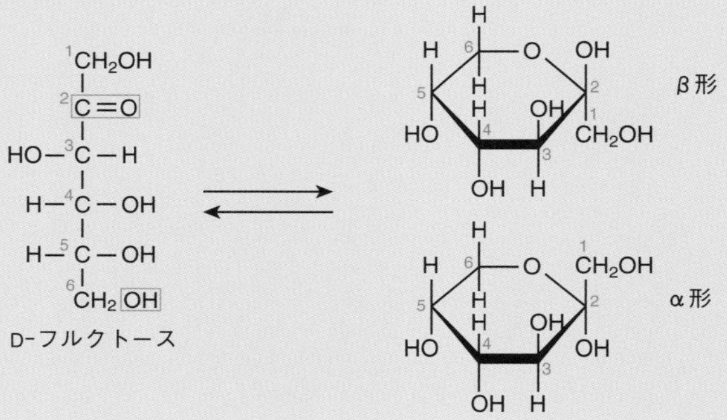

3・3・4　脂肪酸の立体異性体

　脂肪酸は，脂肪を加水分解したときに得られる脂肪族モノカルボン酸（炭化水素鎖の末端の一つにカルボキシ基をもつ化合物）である．脂肪酸の炭化水素鎖は炭素数2個を単位として生体内で合成（伸長）されるため，天然の脂肪酸の多くは炭素数が偶数になっている．一般的に炭素数4以下のものを**短鎖脂肪酸**，6～10のものを**中鎖脂肪酸**，12以上のものを**長鎖脂肪酸**とよぶ．また，炭化水素鎖がすべて単結合でできている脂肪酸を**飽和脂肪酸**，二重結合があるものを**不飽和脂肪酸**とよぶ．長鎖不飽和脂肪酸には二重結合が複数存在するものがあるので，脂肪酸の炭素数と二重結合の数をわかりやすく表すために $C_{x:y}$（炭素数 x で二重結合が y 箇所ある脂肪酸）のように略記される．たとえば，オレイン酸は $C_{18:1}$，リノール酸は $C_{18:2}$ となる．$C_{18:3}$ で表される α-リノレン酸と γ-リノレン酸は二重結合の位置が異なり，互いに構造異性体の関係にある（表3・6）．

　天然の脂肪中に存在する脂肪酸の大半は二重結合がシス形で，トランス形の脂肪酸は反すう動物の肉・乳などでわずかに（脂質の数%）みられるだけである．一方，油脂加工製造工程，特にマーガリンやショートニング製造における水素添

表 3・6　脂肪酸の名称と炭素数，二重結合の位置

名　称	炭素数：二重結合数 ($x:y$)	二重結合の位置†	融点〔℃〕	含有食品
飽和脂肪酸				
酢　酸	2：0		16.7	
酪　酸	4：0		− 7.9	バター
ヘキサン酸	6：0		− 3.4	バター，ヤシ油
オクタン酸	8：0		16.7	バター，ヤシ油
デカン酸	10：0		31	バター，ヤシ油
ラウリン酸	12：0		45	ヤシ油
ミリスチン酸	14：0		54	ヤシ油
パルミチン酸	16：0		63	動植物油
ステアリン酸	18：0		70	動植物油
アラキジン酸	20：0		76	落花生油，綿実油，魚油
不飽和脂肪酸			（シス形）	
パルミトレイン酸	16：1	9	0.5	魚油，鯨油
オレイン酸	18：1	9	16	動植物油
リノール酸	18：2	9, 12	− 5	大豆油など
α-リノレン酸	18：3	9, 12, 15	− 11	エゴマ油，シソ油，アマニ油
γ-リノレン酸	18：3	6, 9, 12	データなし	月見草油
アラキドン酸	20：4	5, 8, 11, 14	− 50	魚油，肝油
エイコサペンタエン酸（EPA）	20：5	5, 8, 11, 14, 17	− 54	魚油
ドコサヘキサエン酸（DHA）	22：6	4, 7, 10, 13, 16, 19	− 44	魚油

†　脂肪酸の末端カルボキシ基の炭素を 1 番としてアルキル鎖の炭素に番号を付したときに，二重結合している二つの炭素のうち早い方の番号を記した．

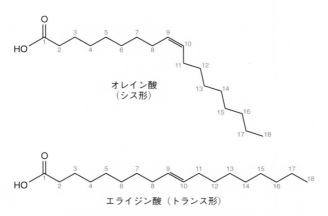

図 3・11　シス形，トランス形の脂肪酸　　オレイン酸とエライジン酸は同じ分子式 $C_{18}H_{34}O_2$ で表されるが構造の異なる立体異性体（幾何異性体）である．

加（高温・高圧条件で金属触媒を用いて不飽和結合の二重結合を単結合に変える処理）では，副反応としてシス形からトランス形への変換（**トランス脂肪酸の生成**）が起こる（図3・11）．水素添加された油脂は，処理前と比べて融点が高く，酸化されにくくなる物理化学的特性をもつため，菓子製造用あるいは調理用フライ油などに利用されている．

トランス脂肪酸

　トランス脂肪酸の過剰摂取は，動脈硬化（冠動脈疾患）のリスクを高めることが多くの疫学研究によって明らかにされてきた．これを受けて，世界保健機関（WHO）は，食品中のトランス脂肪酸から摂取するエネルギー量を，総摂取エネルギー量の1％よりも少なくすることを目標として掲げている．脂質摂取量の多い米国では，2006年から加工食品において栄養表示にトランス脂肪酸含有量を表示することを食品製造者に義務づけている．さらに，2018年からは部分水素添加油脂の食品への使用を規制している．

　日本では，農林水産省による調査（2005〜2007年度）の結果，日本人がトランス脂肪酸から摂取する平均的なエネルギー量は総摂取エネルギー量の0.44〜0.47％であったことから規制を設けていない．食品事業者による自主的な食品中のトランス脂肪酸の低減が進められており，2012年に公表された食品安全委員会の評価書によれば，トランス脂肪酸の摂取量推定値は平均値で0.31％，中央値で0.27％（総摂取エネルギー量に占める割合）となっている．

　なお，食事から摂取する脂質量が多い国や地域だけでなく，トランス脂肪酸から摂取するエネルギー量が少ない国や地域でも，トランス脂肪酸濃度の上限値の設定，部分水素添加油脂の食品への使用を規制，または食品中トランス脂肪酸濃度の表示の義務づけを行っているところがある．

3・4　生体を構成する高分子

3・4・1　糖　質

　糖質には基本単位となるグルコースやフルクトースなどの単糖のほかに，2個の単糖が連結したスクロースやマルトースのような**二糖**（図3・12），数個あるいは多数連結した**オリゴ糖**または**多糖**などがある．単糖どうしの連結の多くは，ヒドロキシ基どうしが脱水縮合して生じる**グリコシド結合**によるもので（R–OH ＋HO–R′ $\longrightarrow$ R–O–R′＋H_2O），オリゴ糖や多糖を化学的あるいは酵素的に加水分解すると単糖になる．

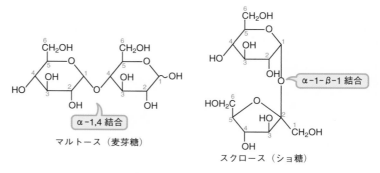

図 3・12　二 糖 類 の 構 造

　環状構造のグルコース（D–グルコピラノース）の1位の炭素に結合するα–ヒドロキシ基と別のグルコースの4位の炭素のヒドロキシ基の間で生じるグリコシド結合は，α–1,4結合と表す．α–1,4結合でD–グルコースが2個結合した二糖

がマルトース，同じ結合で数百個のD−グルコースが連結するとアミロースというデンプンの直鎖成分になる．六員環のD−グルコースの構造をいす形の立体配座で描いてみると，アミロースはらせん状になることがわかる（図3・13）．アミロースは，グルコース6〜7残基で1巻きするらせん状の直鎖成分である．このらせんの中にヨウ素分子が取込まれると青紫色を呈する**ヨウ素−デンプン反応**を示す．また，デンプンにはアミロースのほかに数万から数百万個のグルコースからなる**アミロペクチン**という構造物がある（図3・14）．アミロペクチンでもα−1,4結合でグルコースが直鎖状に連結しているが数十残基に1個の頻度でα−1,6結合による分枝構造をとっている．

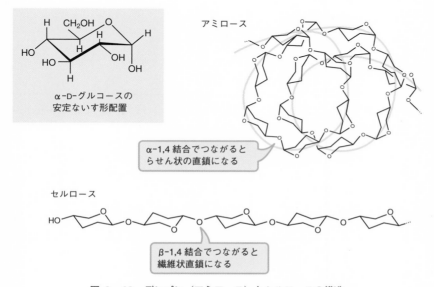

α−D−グルコースの
安定ないす形配置

アミロース

α-1,4結合でつながると
らせん状の直鎖になる

セルロース

β-1,4結合でつながると
繊維状直鎖になる

図 3・13　デンプン（アミロース）とセルロースの構造

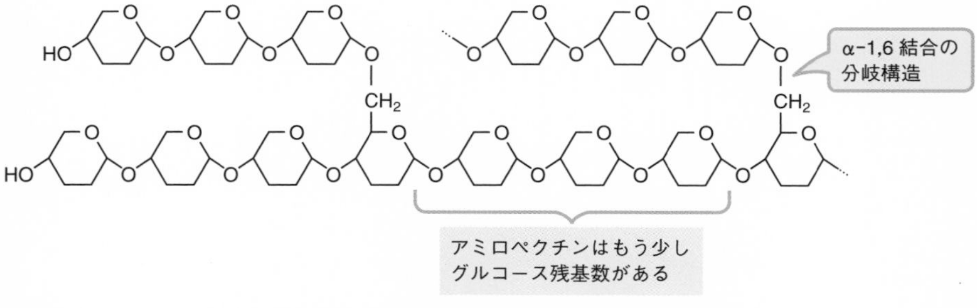

α-1,6結合の
分岐構造

CH₂

CH₂

アミロペクチンはもう少し
グルコース残基数がある

図 3・14　ハース投影式でのアミロペクチンの構造

　同じグルコースでも，β−1,4結合でグルコースが連結すると植物の細胞壁成分として重要な**セルロース**になる．セルロースはまっすぐ伸びた繊維状直鎖で，α−1,4結合からなるアミロースと比べて構造的にも物質的にも大きな違いがある（表3・7）．セルロースのように，ヒトの消化酵素で分解されないグリコシド結

合からなる多糖やオリゴ糖は，エネルギー源にならないが，**食物繊維**として整腸作用などを示す.

表 3・7　アミロースとセルロースの違い

	アミロース	セルロース
グルコースの結合様式	α-1,4 結合	β-1,4 結合
グルコース残基	数百〜数万	数百〜数万
水溶性	低分子だと水に溶ける．高分子になると溶けないが加水加熱により糊化する	加水加熱しても溶けない
ヨウ素-デンプン反応	反応する	反応しない
分解酵素	α-アミラーゼ，グルコアミラーゼ	セルラーゼ†

†　ヒトはセルラーゼをもっていないのでセルロースを消化吸収できない．一方，牛などの草食動物は胃中にセルラーゼをもつ微生物を保持しているため，消化吸収できる.

シクロデキストリン

　デンプンに細菌由来のシクロマルトデキストリングルカノトランスフェラーゼ（シクロデキストリン生成酵素）を作用させると，グルコースが α-1,4 でつながった環状オリゴ糖が生成する．6残基あるものは α-シクロデキストリン，7残基は β-シクロデキストリン，8残基は γ-シクロデキストリンとよばれている．環状構造の外側にグルコース残基のヒドロキシ基があり，反対に内部は疎水性の空洞になっているため，疎水性の小さな分子を包接する．この性質が，疎水性の分子を水に溶解させるため，あるいは酸化しやすい分子を保護するために用いられている.

3・4・2　脂　質

　脂質は，生体組織からクロロホルム，エーテルなどの無極性溶媒で抽出される疎水性の物質で，遊離脂肪酸と脂肪酸を構成成分とする中性脂肪，リン脂質，糖脂質のほか，コレステロールに代表されるステロイド化合物などがある.

　中性脂肪は，グリセロールの三つのヒドロキシ基がそれぞれ脂肪酸のカルボキシ基とエステル結合した構造をしている（図3・15）．疎水性がきわめて高いた

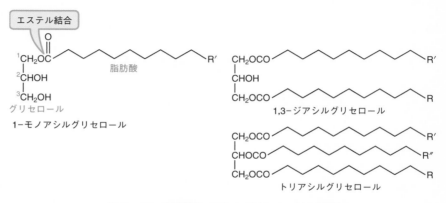

図 3・15　中性脂肪（アシルグリセロール）の構造

め，水に溶けない．**トリアシルグリセロール**（トリグリセリド）の性質は構成脂肪酸によって異なり，飽和脂肪酸が多いと融点が高く，室温ではろう状の固体であるが，不飽和脂肪酸が多いものは融点が低く室温で液体である．脂肪酸の鎖長が短いものも融点が低くなる．また，不飽和度の高いものは酸化されやすい．

リン脂質（グリセロリン脂質）は，グリセロールに二つの脂肪酸が結合した1,2-ジアシルグリセロールと3位のアルコールがホスホジエステル結合（リン酸ジエステル結合）でつながった物質である（図3・16）．リン脂質の構造のうち，脂肪酸の炭化水素鎖部分は疎水性で，ホスホジエステル部分は親水性である．このように疎水性と親水性を併せもつ物質は**界面活性剤**といい，脂肪酸を水酸化ナトリウムなどの強塩基で中和してできる脂肪酸塩（せっけん）も代表的な界面活性剤である．これらは水中に単分子で分散できて，ある濃度以上になると疎水性領域を内側に，親水性領域を外側に向けて分子どうしが凝集した**ミセル**を形成して分散する（図3・17a）．リン脂質は，2分子層状ミセルの**脂質二重層**を形成する性質をもち，細胞膜などの生体膜を構成する主成分として重要な役割を果たしている（図3・17b）．

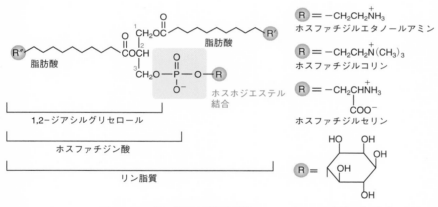

図 3・16 リン脂質の種類と構造

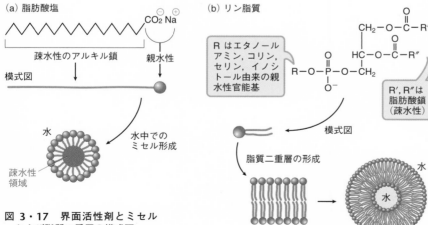

図 3・17 界面活性剤とミセルおよび脂質二重層の模式図

　　糖脂質は，アルコール成分としてグリセロールを含むグリセロ糖脂質と，ス
フィンゴシンを含むスフィンゴ糖脂質とに大きく分類される（図3・18）．複雑
な糖鎖構造をもつものが多く，リン脂質と同様，細胞膜の構成成分になってい
る．スフィンゴシンを含む脂質には，スフィンゴ糖脂質のほかに神経軸索を取巻

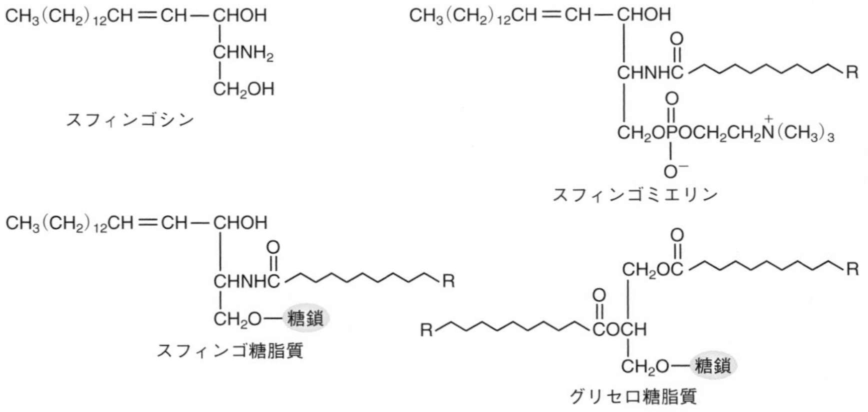

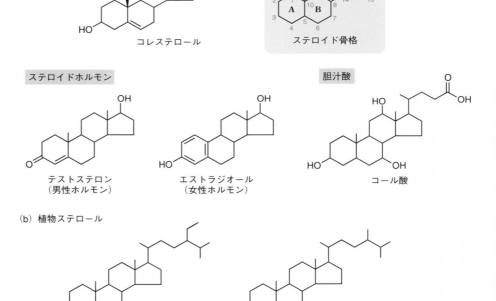

CH₃(CH₂)₁₂CH＝CH－CHOH
CHNH₂
CH₂OH
　スフィンゴシン

CH₃(CH₂)₁₂CH＝CH－CHOH
CHNHC
CH₂OPOCH₂CH₂N⁺(CH₃)₃
O⁻
　スフィンゴミエリン

CH₃(CH₂)₁₂CH＝CH－CHOH
CHNHC
CH₂O－糖鎖
　スフィンゴ糖脂質

CH₂OC
COCH
CH₂O－糖鎖
　グリセロ糖脂質

図 3・18　スフィンゴ糖脂質とグリセロ糖脂質の構造

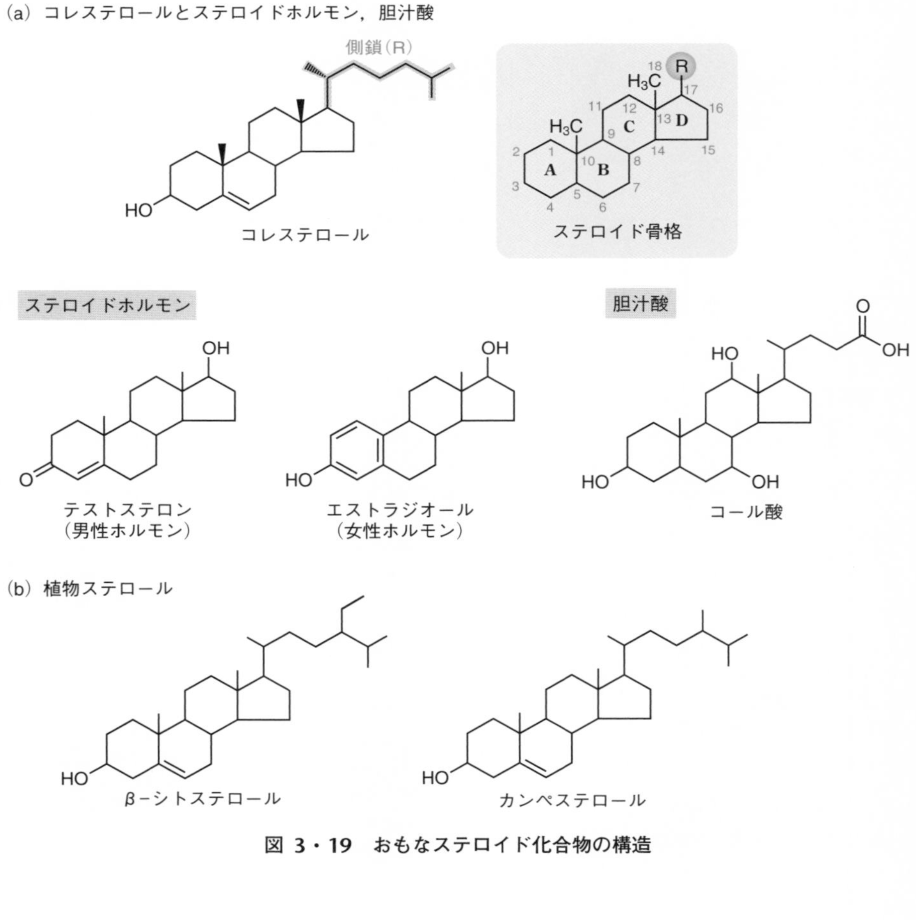

（a）コレステロールとステロイドホルモン，胆汁酸

側鎖（R）

コレステロール

ステロイド骨格

ステロイドホルモン

胆汁酸

テストステロン
（男性ホルモン）

エストラジオール
（女性ホルモン）

コール酸

（b）植物ステロール

β－シトステロール

カンペステロール

図 3・19　おもなステロイド化合物の構造

くミエリン鞘を構成するスフィンゴミエリンのようなスフィンゴリン脂質がある.

　ステロイド化合物とはステロイド骨格をもつ化合物の総称で，代表例の**コレステロール**は遊離型あるいは脂肪酸エステルとして動物組織中に多く含まれており，これを原料として胆汁酸や各種のステロイドホルモンが合成される（図3・19a）. 一方，植物にはコレステロールとよく似た構造の植物ステロールが含まれている（図3・19b）. 食事由来の植物ステロールはヒト小腸からほとんど吸収されず，コレステロールの吸収を阻害する効果があることから，血中脂質・コレステロール濃度を改善する効果が期待されている*1.

*1　植物ステロールは，植物油，ナッツ油，オリーブ油などの未精製植物油に含まれている.

3・4・3　ペプチドとタンパク質

　アミノ酸のアミノ基が別のアミノ酸のカルボキシ基と脱水縮合するとペプチド結合が形成される. アミノ酸がこのペプチド結合で数個から数十個つながったものを**ペプチド**（10数個程度までをオリゴペプチドという場合もある），40～50個以上つながったものを**ポリペプチド**または**タンパク質**とよぶ. その性質や機能は構成するアミノ酸の種類と数，並び順（配列）によって異なる. アミノ酸がペプチド結合で連結して直鎖を形成すると，遊離のアミノ基をもつN末端アミノ酸残基と，遊離のカルボキシ基をもつC末端アミノ酸残基ができる（図3・20）. 一般的に，N末端アミノ酸を左端に，C末端アミノ酸を右端において構成アミノ酸の種類と配列をアミノ酸の一文字表記あるいは三文字表記で表す*2. また，N末端アミノ酸残基を1番目として，それぞれのアミノ酸が配列上，何番目に相当するかわかるように番号をつける.

*2　アミノ酸の種類と表記については表3・5参照.

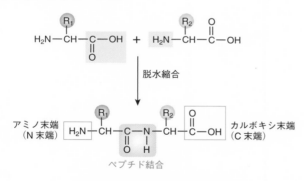

図 3・20　ペプチド結合の形成

　タンパク質は目的に応じてさまざまな分類がなされる. たとえば，構成アミノ酸の側鎖に依存して表面電荷が異なることから，生理的pH条件において負に帯電するものを酸性タンパク質，正に帯電するものを塩基性タンパク質，中間の（正負が釣り合っている）ものを中性タンパク質と分類する. 水などの溶媒に対する溶解性に基づいて，水に溶解するアルブミン，塩水に溶解するグロブリン，80%程度のアルコールに溶解するプロラミン，酸や塩基性溶媒に溶解するグルテリンといった分類をすることもあれば，全体の構造から球状タンパク質と繊維状タンパク質に分類されることもある. また，アミノ酸だけからなる単純タンパ

ク質と，アミノ酸以外の補欠分子族が構成成分として結合している複合タンパク質も存在する（表3・8）.

表 3・8　複合タンパク質の例

糖タンパク質	赤血球，白血球などの膜表面で細胞間認識，抗原認識を担うタンパク質
リポタンパク質	血中で脂質を運搬する血漿リポタンパク質
ヘムタンパク質	血中で酸素を運搬するヘモグロビン
金属タンパク質	金属を運搬するタンパク質，金属要求型の酵素類
フラビンタンパク質	各種の脱水素酵素と酸化還元酵素

　タンパク質（ポリペプチド鎖）のペプチド結合は共鳴構造をとるため，C−N結合軸は回転できないが，主鎖に並ぶα炭素がもつ結合軸は回転する．この回転によってペプチド鎖は安定な立体構造に折りたたまれる．主鎖中のペプチド結合にあるC＝O基とN−H基の間で水素結合してできる折りたたまれ方に**αヘリックス**と**βシート**がある（図3・21）. αヘリックスは1本のペプチド主鎖が規則的にらせん状になった構造で，約3.6残基ごとにらせんが1回転しており，アミノ酸残基の側鎖はらせんの外側を向いている．βシートはまっすぐに伸ばした2本以上のペプチド鎖の間で（1本のペプチド鎖が曲がることで2本が並ぶ場合もある），隣接するC＝O基とN−H基が水素結合することでペプチド主鎖が寄り集まってひだ状のシート構造をとる．

　タンパク質のアミノ酸配列を**一次構造**とよぶのに対し，ペプチド主鎖によって局所的に形成されるαヘリックスやβシートのような構造を，タンパク質の**二次構造**とよぶ．さらに，ポリペプチド鎖が折りたたまれて生じる1分子全体の立

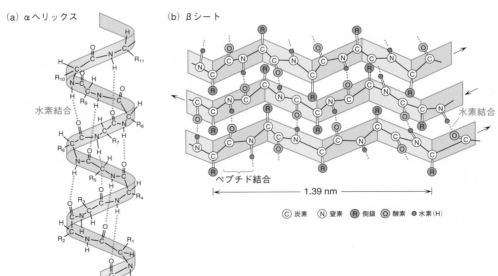

図 3・21　タンパク質の二次構造

体構造をタンパク質の**三次構造**とよぶ．三次構造の形成と安定化には，アミノ酸残基の側鎖どうしの相互作用（システイン残基間のジスルフィド結合，酸性および塩基性アミノ酸側鎖間のイオン結合，セリンやアスパラギン，グルタミンなどの側鎖間の水素結合，疎水性アミノ酸側鎖間の疎水結合）が働く．三次構造をとるポリペプチド鎖が複数会合してはじめて機能を発揮するタンパク質になる場合がある．このとき，会合体全体の立体構造をタンパク質の**四次構造**とよび，会合体を構成する各ポリペプチド鎖をサブユニットとよぶ．会合にはサブユニット間のジスルフィド結合，イオン結合，水素結合，疎水結合などが働いている．

　タンパク質の高次構造（二次，三次，四次構造）を支える結合が，熱，酸やアルカリ，有機溶媒，界面活性剤などによって切断されると，高次構造は崩れてしまう．その結果，タンパク質の溶解性などが変化し，酵素やホルモンなどのタンパク質では機能を発揮できなくなってしまう．このような現象をタンパク質の**変性**という．

■ **例題 3・6**　次に示す配列のペプチドの構造式を描け（アミノ酸の α 炭素が主鎖となるペプチドとする）．

1) Ala – Ser
2) Ser – Ala
3) Asp – Lys
4) Lys – Asp

　解　答

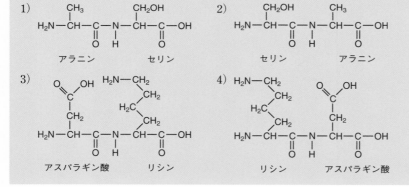

3・4・4　核　　酸

　デオキシリボ核酸（**DNA**）またはリボ核酸（**RNA**）の基本単位は，デオキシリボースあるいはリボースの 1′ 位の炭素に塩基が N-グリコシド結合した**ヌクレオシド**に，リン酸が糖の 5′ 位炭素のヒドロキシ基とエステル結合した**ヌクレオチド**である* （図 3・22a）．ヌクレオチドの 3′ 位のヒドロキシ基と別のヌクレオチドの 5′ 位のリン酸基が脱水縮合（ホスホジエステル結合）して鎖状につながったものがポリヌクレオチド，すなわち**核酸**となる．核酸塩基には，プリン塩基のアデニン（A），グアニン（G），ピリミジン塩基のシトシン（C），チミン

*　塩基骨格の炭素や窒素に対して 1, 2…と番号をつけるため，糖骨格の炭素は 1′, 2′…と番号がつけられる．

（T），ウラシル（U）の合計5種類があるが（図3・22b），RNAではチミンが，DNAではウラシルが使われているので，DNAとRNAはそれぞれ4種類の塩基から構成されている．一般的に，ポリヌクレオチドの塩基配列は左から右へ5′末端から3′末端の方向に書かれる．

(a) ヌクレオチド

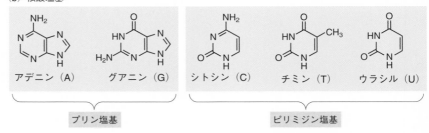

(b) 核酸塩基

アデニン（A）　　グアニン（G）　　シトシン（C）　　チミン（T）　　ウラシル（U）

プリン塩基　　　　　　　　　ピリミジン塩基

図 3・22　核酸とそれを構成する塩基の構造

(a) ポリヌクレオチド　　　　(b) DNA の二重らせん構造

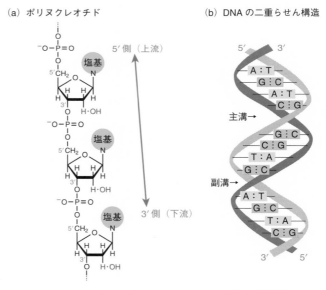

図 3・23　ポリヌクレオチドと DNA の二重らせん構造

* 生物の遺伝情報の総体（二倍体生物では生殖細胞に含まれる染色体あるいは遺伝子の全体）を**ゲノム**とよぶ．一般的にゲノムの大きさは DNA の塩基対の数で表し，ヒトで30億塩基対（ヒト体細胞は2倍体なので計60億塩基対をもつ），酵母で1200万塩基対，大腸菌で480万塩基対，イネで3.9億塩基対，コムギで170億塩基対である．

　DNA は生物の遺伝情報を子孫に継承し，発現させるために不可欠な分子である*．5′末端から並ぶポリヌクレオチド鎖と3′末端から並ぶポリヌクレオチド鎖の間には，AとT，GとCの組合わせで水素結合による相補的な塩基対が形成されている．こうしてできた二本鎖は，約10塩基対ごとに1回転する二重らせ

ん構造をとっている（図3・23）．真核細胞の核内では，DNA二本鎖がヒストン
タンパク質と結合してできる染色体として収められている．原核細胞には核がな
く，一般的に環状の二本鎖DNAが折りたたまれて核様体とよばれる構造物とし
て存在する．

　RNAは通常一本鎖で存在するが，一本鎖の内部で相補的な塩基対によって複
雑な折りたたみ構造をもつものがある．

■ **例題3・7**　アデニンとチミン，グアニンとシトシンの構造を描き，塩基間で
生じる水素結合を点線で示せ．

解 答

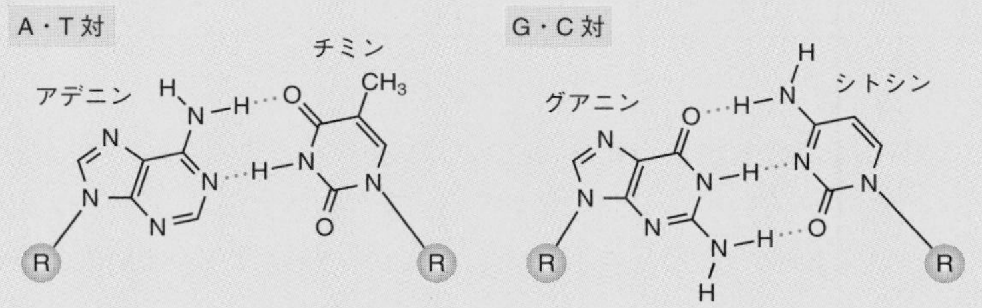

A・T対／アデニン／チミン／G・C対／グアニン／シトシン

■ **章 末 問 題**

問題3・1　次の化合物における主要な官能基名を答えよ．
- a）酢酸エチル
- b）エタノールアミン
- c）クエン酸
- d）アラニン

問題3・2　D–グルコースの4位の炭素において立体配置が異なる単糖はD–ガラク
トースである．この情報を参考に，D–ガラクトースの直鎖状構造とα–アノマーの
ピラノース型環状構造を描け．

問題3・3　トリオレインという慣用名をもつ中性脂質は次の構造式で表される．こ
れをアルカリで加水分解したときに生成する成分は何か答えよ．

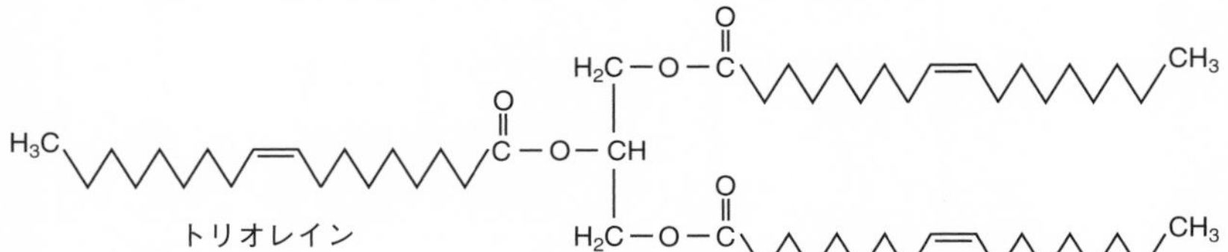

トリオレイン

問題3・4　CHEMISTRYと略記されるペプチドについて，構成アミノ酸の名称をN
末端から順番に答えよ．

問題3・5　ペプチドを強酸で加水分解すると，ペプチドを構成する多くのアミノ酸
を得られるが，グルタミンとアスパラギンはグルタミン酸，アスパラギン酸として
回収される．その理由を答えよ．

問題3・6　5′末端からATGCCGAATGAという塩基配列をもつDNAと相補的な
DNAの塩基配列を5′末端から答えよ．

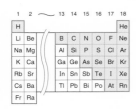

4 さまざまな元素と無機物質

4・1 非金属元素

4・1・1 水 素

水素 H は原子番号が最も小さい元素で，二つの水素原子が結合した水素分子 H_2 は水素ガスとして知られている．水素は酸素と結合して水分子 H_2O，窒素と結合してアンモニア NH_3 を生成したり，炭素と結合して有機物質の構成元素となったりする．水素原子が電子を一つ失ってできる水素イオン H^+ の溶液中における濃度は，溶液の酸性の度合いを決定する要因である（第7章参照）．

4・1・2 13族の非金属元素

最外殻に 3 個の電子をもつ 13 族のうち，非金属元素は**ホウ素** B だけである．ホウ素は細胞壁の構築に必要であるため，植物にとっての必須元素である．工業的には，ホウ素はおもにガラスの製造に使用される．ホウ素のオキソ酸であるホウ酸は，弱い殺菌力をもつので洗眼液に使用され，またホウ酸団子はゴキブリの駆除にも使われる．

4・1・3 14族の非金属元素

最外殻に 4 個の電子をもつ 14 族のうち，非金属元素は原子価が 4 の**炭素** C と**ケイ素** Si である．

a. 炭 素 炭素原子どうしまたは炭素原子と他の原子が共有結合した構造をもつ化合物の多くは有機物質であるが，炭素を含む化合物であっても，**一酸化炭素** CO，**二酸化炭素** CO_2，**炭酸** H_2CO_3，**青酸**（シアン化水素 HCN）のようなものは，無機物質に分類される．

二酸化炭素を圧縮冷却して固体化したものが**ドライアイス**であり，食品の低温保蔵や輸送に用いられる．ドライアイスは液化することなく固体から直接気体の二酸化炭素に昇華するので，食品を濡らすことがない．また，二酸化炭素の食品産業への新しい利用法の一つとして，**超臨界抽出**がある．二酸化炭素に圧力をかけて液体と気体の中間の性質をもつ超臨界流体とし，それを使って作物体などから成分を抽出する方法で，コーヒーの生豆からカフェインを除く方法として利用されている（図4・1）．超臨界流体は気体の拡散性と，液体の溶解性を併せもつので，効率的な成分の抽出溶媒として用いることができ，抽出後に圧力を下げれ

オキソ酸: ある原子にヒドロキシ基（−OH）とオキソ基（＝O）が結合しており，かつそのヒドロキシ基が H^+ を遊離する性質をもつ化合物．図の構造をもつ炭酸は，炭素のオキソ酸である．

$$
\begin{array}{c}
O \\
\parallel \\
HO-C-OH
\end{array}
$$
炭 酸

溶媒: 溶液において，溶けている物質を**溶質**といい，溶質を溶かしている液体を**溶媒**という．

ば二酸化炭素は気化するので，溶媒抽出の場合のように溶媒を留去する手間なく抽出物を得ることができる．

（a）二酸化炭素の状態図

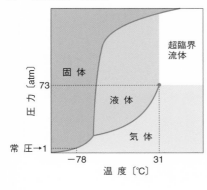

（b）コーヒー豆の超臨界抽出

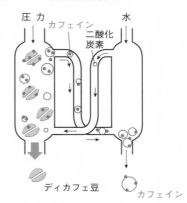

図 4・1　二酸化炭素の超臨界流体とそれを用いたディカフェ豆の製造

炭酸は弱酸性を示し，その強塩基との塩の溶液は弱アルカリ性を示すことから，炭酸のナトリウム塩 Na_2CO_3 やカリウム塩 K_2CO_3 は，食品の pH 調整剤や，かんすいとして中華めんの製造に使われる．また，炭酸水素ナトリウム $NaHCO_3$ も pH 調整剤やかんすいとして利用できる．$NaHCO_3$ は重曹ともよばれ，加熱すると二酸化炭素を発生するので，焼き菓子などの製造時の膨張剤（ベーキングパウダー）としてよく使用される．

青酸やそのナトリウム塩 $NaCN$ およびカリウム塩 KCN は毒性が強い．ウメやアンズなど核果類の未熟果実や種子中の仁には青酸配糖体が含まれており，それが加水分解されると青酸が発生するので，食品への利用には注意が必要である．熱帯で栽培され，その塊根がデンプン源となるキャッサバは，タピオカの原料として知られているが，青酸配糖体を含むので，青酸配糖体を水で洗い流すなど前処理してから利用されている．

b. ケ イ 素　　二酸化ケイ素 SiO_2 やケイ酸塩の形で多くの鉱物に含まれ，ケイ酸塩はガラスの主成分である．$-Si-O-Si-$ というシロキサン結合を主骨格とする合成高分子化合物のシリコーン（図 4・2）は，消泡剤として食品の製造にも使われる．また，ベーキングトレーやクッキングシートなど，食品が貼りつかないように離型目的でも使われている．

ケイ石 SiO_2　　還 元　　金属ケイ素 Si　　化学反応　　シリコーン
　　　　　　　　　　　　　　　　（シリコン）

図 4・2　シリコーンの特徴　　シリコーンは主骨格のシロキサン結合（$-Si-O-Si-$）に有機官能基が結合した合成高分子で，高温・低温に強く，水をはじくなどさまざまな特性をもつ．分子構造と官能基の種類などにより，油状，ゴム状，樹脂状の形態をとる［写真：信越化学工業株式会社 HP より］

■ **例題 4・1**　炭酸水素ナトリウムを加熱して二酸化炭素が発生するときの反応式を書け.

　解答　$2NaHCO_3 \longrightarrow Na_2CO_3 + H_2O + CO_2$

4・1・4　15 族の非金属元素

　最外殻に 5 個の電子をもつ 15 族の非金属元素には**窒素 N, リン P, ヒ素 As** がある.

　a. 窒 素　原子価 3 の窒素は, タンパク質や核酸などの生体成分を構成する元素の一つである. 窒素は窒素ガス N_2 として大気中のガスの体積の約 78 % を占めている. 窒素ガスは反応性が低い安定した分子であるので, 食品の酸化防止の目的でパッケージに空気と入れ替えられて封入されることがある.

　ヒトは窒素ガスを生体分子の合成に利用できないので, **アミノ酸やタンパク質**の形で窒素を摂取しなければならない. 植物も, 根粒菌のような空中窒素を生体成分に変換できる窒素固定能をもつ微生物が根に寄生できるマメ科植物のようなもの以外は, 窒素を**アンモニウムイオン NH_4^+ や硝酸イオン NO_3^-** として取込む必要がある. そのため, 作物の栽培には土壌中でアンモニアに分解される尿素 NH_2CONH_2 や, 硫酸アンモニウム $(NH_4)_2SO_4$, 塩化アンモニウム NH_4Cl, 硝酸アンモニウム NH_4NO_3, 硝酸ナトリウム $NaNO_3$ などが肥料として与えられている. 畑土壌中では, アンモニウム塩は硝化細菌によって酸化されて硝酸塩になるが, ホウレンソウや春菊のような葉菜類は, 硝酸塩を液胞に貯め込みやすいので, 窒素肥料を過剰に与えると硝酸塩やそれが細胞質で還元されて生じた亜硝酸塩を多く含むようになる.

　亜硝酸イオン NO_2^- はボツリヌス菌をはじめとする多種類の細菌の生育を抑制し, また食肉中の色素であるミオグロビンと反応して食肉の色の劣化を防ぎピンク色に保つ働きがある. そのため亜硝酸イオンや, 還元により亜硝酸塩に変化する硝酸塩は, ハムやベーコン, ソーセージの加工時に発色剤として使用される.

　一方, 亜硝酸イオンはヒトに対して毒性があり, 過剰に摂取すると**メトヘモグロビン血症**の原因ともなる. また, 経口摂取された硝酸イオンは, 口腔内の細菌によっても亜硝酸イオンへ変換され, 亜硝酸イオンは胃の中でアミン類と反応して発がん性をもつ **N-ニトロソ化合物**を生成する (図 4・3). 硝酸イオンの摂取については, ほとんどが野菜由来のものであるので, 野菜中の硝酸塩濃度を高めないような施肥の工夫が必要であり, 発色剤としての使用についても硝酸塩や亜硝酸塩について使用基準が定められている.

メトヘモグロビン血症: 血液のヘモグロビン中の 2 価の鉄イオンが 3 価になったメトヘモグロビンが多い状態. メトヘモグロビンは酸素結合能がなく酸素を運搬できないので, メトヘモグロビンが多くなると酸素不足になり, 皮膚や粘膜が青紫色になるチアノーゼの症状が現れる.

硝酸塩, 亜硝酸塩の使用基準: 亜硝酸イオンとしての最大残存量が, 食肉製品と鯨肉ベーコンでは 0.070 g/kg, 魚肉ソーセージ, 魚肉ハム, いくら, すじこ, たらこでは 0.050 g/kg.

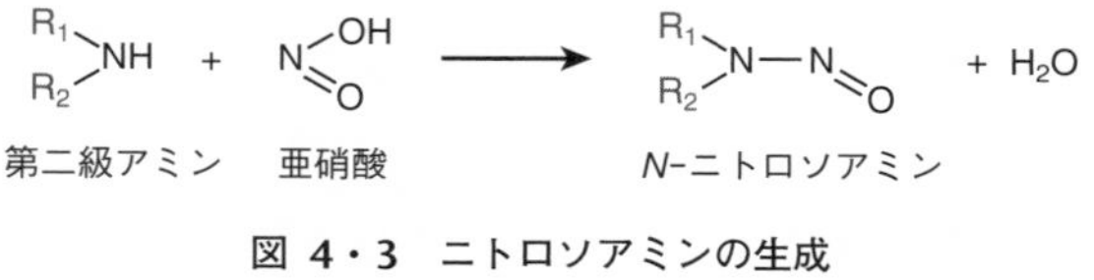

図 4・3　ニトロソアミンの生成

　b. リ ン　DNA や RNA のような核酸の成分であり, また生体内でエネル

ギーの生産にかかわる ATP や生体膜を構成するリン脂質の成分でもあるため，リンは生体に欠かせない元素である．作物の栽培においても，原子価が 5 の状態の**リン酸** H_3PO_4 として，窒素やカリウムと並ぶ肥料の重要な成分となっている．リン酸は生体内でのリンのおもな存在状態であり，ATP などヌクレオチドや核酸においても，リン脂質においても，リンはリン酸エステルの形で存在している．また，タンパク質のリン酸化は，タンパク質の機能を制御し，生体内の生化学反応の制御にかかわっている．

　リン酸は弱酸であり，そのナトリウム塩やカリウム塩の溶液は弱アルカリ性を示すので，かんすいとして中華めん製造に利用できる．またリン酸やリン酸塩は pH 調整剤として食品に添加されることがある．リン酸塩はまた，結着剤として，ハムやソーセージ，かまぼこ，めん類などの組織の改良，すり身の冷凍によるタンパク質変性の防止，解凍時のドリップ防止などの目的で使用されることもある．この結着剤としての働きには，リン酸が畜肉や魚肉中の筋肉タンパク質のアクチンとミオシンの結合や解離に影響を及ぼすことがかかわっている．

　c. ヒ　素　　窒素やリンのような生体における必須元素ではなく，毒性が強い元素である．火山活動や鉱石・化石燃料の採掘によって地殻中に含まれるヒ素が環境中に放出されると，生物の体内に取込まれることがある．また，半導体などに産業利用されたヒ素を含む物質の廃棄による環境汚染も，ヒ素へのばく露の原因となっている．ヒ素化合物には，無機ヒ素化合物と有機ヒ素化合物があり，無機ヒ素には原子価が 3 価のものと 5 価のものが存在する（図 4・4）．一般的に毒性の強さは，亜ヒ酸のような 3 価の無機ヒ素が一番強く，その次にヒ酸のような 5 価の無機ヒ素，そして有機ヒ素の順になる．ヒ素は，生体内のタンパク質の SH 基に結合して酵素反応などの阻害を起こす．急性毒性症状としては，嘔吐，腹痛，下痢，血圧低下があり，慢性毒性としては，末梢神経障害や発がんなどが知られている．

リン酸エステル： リン酸とアルコールが脱水縮合したエステル

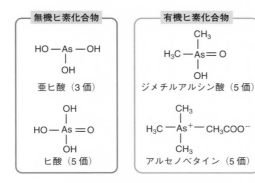

図 4・4　ヒ素化合物の例

　日本人におけるヒ素の主要な摂取源としては，米，魚介類や海藻があげられるが，米中の濃度は低く，また魚介類中のヒ素の大部分は毒性の低い有機ヒ素である．一方，ヒジキは無機ヒ素が特に多い食品（ヒジキ中のヒ素の 6 割が無機ヒ素）であるが，1 日当たりのヒジキの摂取量は少なく，さらに乾燥ヒジキを水戻

しすると 30〜95％ のヒ素が除去される．ヒジキによるヒ素中毒の報告もなく，通常の食事からの摂取では健康への影響は心配ないと考えてよい．

4・1・5　16族の非金属元素

最外殻に 6 個の電子をもつ 16 族の元素のうち生体機能を担うものとして，**酸素 O，硫黄 S，セレン Se** があげられる．

a. 酸　素　　原子価が 2 で酸素分子として大気中に存在し，ヒトはそれを呼吸により摂取して，エネルギーの生産や体を構成する成分の合成に利用している．また，体内に取込まれた薬物や毒物の代謝および解毒に際しても，酸化反応は重要な役割をもち，さまざまな酸化酵素がそれに関与している．三つの酸素原子からなる**オゾン** O_3 は，酸化力が強く，水道水などの殺菌に用いられる．地上 20〜40 km 付近では，太陽からの強い紫外線によって酸素から生成したオゾンの濃度が高いオゾン層が存在し，生物にとって有害な紫外線を吸収して地上の生物を保護している．

b. 硫　黄　　地殻中に鉱物として存在し，単体としても黄色固体として火山の噴気口周辺などでみられる．火山ガスや温泉水などに含まれる腐卵臭のある**硫化水素** H_2S は，強い還元力をもつ有毒な気体である．

硫黄を燃焼させると生じる二酸化硫黄（亜硫酸ガス SO_2）は，その還元作用を利用して，亜硫酸ナトリウム Na_2SO_3 とともに食品の漂白剤や酸化防止剤に使われる．また，殺菌作用があるため，干し柿など乾燥果実のカビ防止を目的とした保存料としても使われる．

> ■ **例題 4・2**　亜硫酸ガスは通常は還元剤として働くが，硫化水素のような強い還元剤に対しては酸化剤として働き，硫黄の単体を遊離する．このときの反応式を書け．
> **解　答**　$2H_2S + SO_2 \longrightarrow 3S + 2H_2O$

タンパク質を構成するアミノ酸のうち，硫黄は**メチオニン**と**システイン**に含まれている（図 4・5）．酸化的条件下ではシステイン残基の −SH どうしが**ジスルフィド結合**（S−S）を形成することで，タンパク質の立体構造が固定化または安定化し，それによってそのタンパク質の機能の発現がもたらされることが多い．

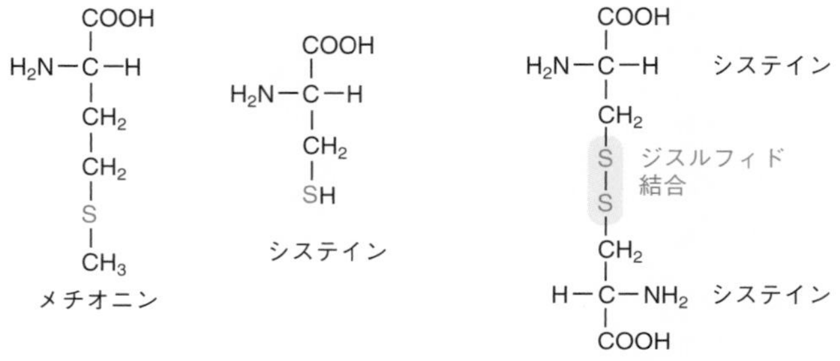

図 4・5　硫黄を含むアミノ酸とジスルフィド結合

c. セ レ ン　システインの硫黄原子がセレンに置き換わった**セレノシステ**
インは，それを含むタンパク質の機能に重要な役割を果たしている．そのためセ
レンは必須元素であるが，過剰な摂取では毒性を示す．メチオニンの硫黄原子が
セレンに置換したセレノメチオニンは，メチオニンの代わりにタンパク質に取込
まれ，ヒトにおけるセレンの摂取源となっている．メチオニンのセレノメチオニ
ンへの置換は，タンパク質の構造や機能には影響を与えないといわれている．

4・1・6　17 族の元素

　最外殻に 7 個の電子をもつ 17 族の元素は，電子を一つ得て 1 価の陰イオンに
なりやすい（電子親和力が大きい）．17 族に属する**フッ素 F**，**塩素 Cl**，**臭素 Br**，
ヨウ素 I は，**ハロゲン**とよばれており，単体は二原子分子として存在する．

　a. フ ッ 素　ハロゲンのなかで一番原子番号が小さく，電気陰性度が最も
高い元素で，フッ素の単体 F_2 は反応性がきわめて高く，酸化力が強く，安定し
て存在しにくい．フッ素の電気陰性度の高さから，酢酸のメチル基の三つの水素
がフッ素で置換された**トリフルオロ酢酸** CF_3COOH は，解離時の陰イオンであ
る CF_3COO^- が安定であるため酢酸よりも強い酸性を示し，有機溶媒に可溶な強
酸として有機合成反応などに使用される．**ポリテトラフルオロエチレン**
$CF_3\!-\!(CF_2)_n\!-\!CF_3$（商品名**テフロン**）は，耐熱性があり，食品や調味料による侵食
に強く，また摩擦が小さく食品の焦げつきを防ぐことができるので，フライパン
など調理器具のコーティングに使われている．また，フッ化ナトリウム NaF な
どフッ素化合物は虫歯予防のための歯のコーティングに使用されている．

　b. 塩 素　塩素の単体 Cl_2 は，常温常圧で特有の臭いをもつ黄緑色の気体
である．自然界では，アルカリ金属やアルカリ土類金属の元素とイオン結合した
塩の形で存在することが多い．海水塩の主成分である**塩化ナトリウム** NaCl は食
塩としてよく知られている．塩化カリウム KCl や塩化マグネシウム $MgCl_2$ も海
水に含まれており，これらの微量成分の組成や含有量が，調味料としての塩の味
に影響している．

　次亜塩素酸 HClO や次亜塩素酸ナトリウム NaClO の水溶液は，食品製造・加
工用の器具や食器の殺菌に使用され，また食品の殺菌や漂白にも使われるが，使
用後はよく水洗いして除去する必要がある．

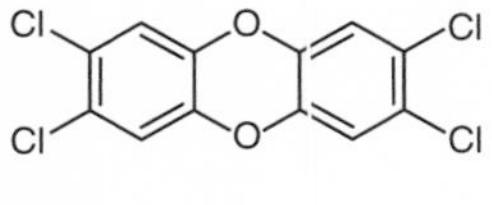

2,3,7,8-テトラクロロジベンゾ-　　2,3,7,8-テトラクロロジベンゾ　　3,3',4,4',5-ペンタクロロ-1,1'-
1,4-ジオキシン（TCDD）　　　　フラン（TCDF）　　　　　　　　ビフェニル

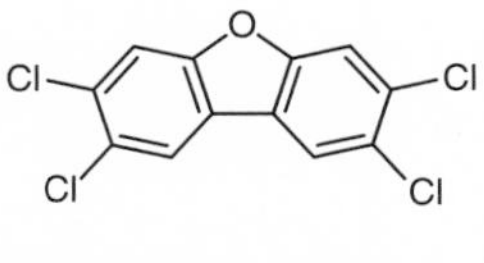

図 4・6　ダイオキシン類

　塩素化合物を含むプラスチックを燃焼させると，2,3,7,8-テトラクロロジベン
ゾ-1,4-ジオキシン（TCDD）や 2,3,7,8-テトラクロロジベンゾフラン（TCDF），
3,3',4,4',5-ペンタクロロ-1,1'-ビフェニルなどの**ダイオキシン類**（図 4・6）が発

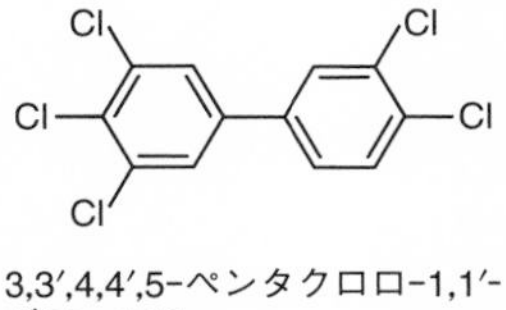

生する．ダイオキシン類は発がん性があるため，廃棄物処理施設から環境中に排出されるダイオキシン類による農畜水産物の汚染が懸念されている．欧州連合（EU）では食品における基準値を定め，それを超える濃度のダイオキシン類を含む食品が市場に出回らないようにしている．日本では食品における基準値は定められていないが，排水や排ガスにおける基準値に基づいた環境汚染防止対策で食品の汚染を防いでいる．それと同時に，農畜水産物のダイオキシン類による汚染の実態調査が続けられ，食品における基準値を定めずとも問題がないかどうか確認が行われている．

c. 臭　素　臭素の単体 Br_2 は，常温常圧で赤褐色の液体である．メタンやエタンのハロゲン化物の一部はオゾン層を破壊する大気汚染物質として，国際的に使用が規制されている．そのため，臭化メチル CH_3Br は作物生産のための土壌殺菌に広く利用されていたが，現在は使用が禁止され，代わりにクロロピクリン CCl_3NO_2 などが使用されている．

d. ヨ ウ 素　ヨウ素の単体 I_2 は，常温常圧では紫黒色の固体であるが，昇華性がある．ヨウ素は，他のハロゲンと同様に殺菌作用があるので，うがい薬や外用消毒薬の成分として使われている．

ヨウ素をヨウ化カリウム KI 水溶液に溶解してデンプンを加えると，青紫色を呈する．これを**ヨウ素-デンプン反応**とよび，デンプンの検出に使用される[*1]．

甲状腺ホルモンである**チロキシン**（図 4・7）はヨウ素を含む修飾アミノ酸であるので，ヨウ素の摂取不足は甲状腺ホルモン不足をまねき，新陳代謝が低下し，疲れやすい，冷え性，徐脈，気力の低下などの症状が現れる．ヨウ素は昆布のような海藻類に多く含まれているので，海藻類を食べる機会の多い日本人はヨウ素不足になることはあまりない．

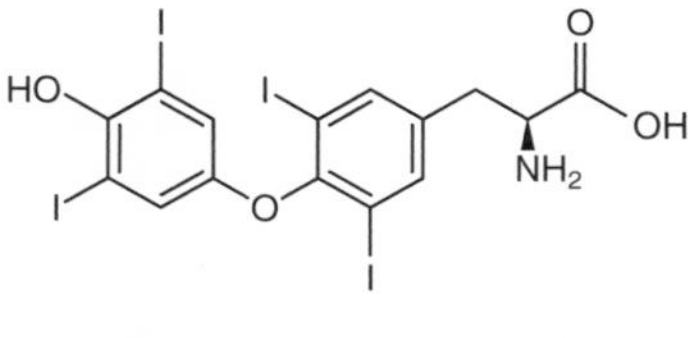

*1　ヨウ素-デンプン反応を利用した過酸化脂質の測定法は図8・4を参照．

図 4・7　チロキシンの構造

1986 年のソビエト連邦（現ウクライナ）チェルノブイリの原子力発電所の事故や 2011 年の東日本大震災時の津波による福島第一原子力発電所の事故では，**放射性ヨウ素** [131]I が原子炉から環境中に放出され，大気や土壌，河川，海水の汚染をひき起こした．福島第一原子力発電所の事故直後には，東京都の浄水場の水道水からも [131]I が検出された．[131]I の半減期は 8 日である[*2]ので，事故後数カ月で環境中の [131]I は検出されなくなったが，事故後にチェルノブイリの住民に甲状腺がんが増加したのは，事故直後に体内に取込んだ [131]I が甲状腺ホルモン合成のために甲状腺に移行・蓄積して甲状腺組織に影響を与えたためである．福島第一原子力発電所の事故の被災者においては，チェルノブイリの被災者に比べて [131]I の被ばく線量は低かったが，福島県では，事故当時に放射能に感受性が高い 18 歳

*2　半減期については §1・3・3 参照．半減期が 8 日ということは，8 日で $\frac{1}{2}$ に，16 日で $\frac{1}{4}$ に，24 日で $\frac{1}{8}$ になるということである．

以下の未成年であった者および事故後約1年以内に生まれた者に対して甲状腺の検査を継続実施している．また，原子力災害時の ^{131}I による放射性障害予防薬として，非放射性ヨウ素 ^{127}I を成分とするヨウ素剤があり，原子力施設やその周辺の住民に配付されている．ヨウ素剤は，あらかじめ甲状腺に非放射性の ^{127}I を多量に取込ませておくことで放射性の ^{131}I を取込みにくくする効果がある．

4・1・7　18族の元素

　最外殻に8個の電子をもつ18族の元素は，価電子をもたず反応性がきわめて低く，他の原子と化合物をつくらない．常温，常圧では単原子分子の気体として存在し，**貴ガス**ともよばれる．この化学的に安定な性質を利用して，ヘリウム He は生体成分や食品成分の分析に使われるガスクロマトグラフィーにおいて，分析対象の試料中に含まれる化合物を分離用カラム内に運ぶ移動相であるキャリヤーガスとして使用される．アルゴン Ar もガスクロマトグラフィーのキャリヤーガスとして使用されるほか，元素分析のための誘導結合プラズマ（ICP）発光分析や ICP 質量分析の際のプラズマの作製に使用される＊．

4・2　典型金属元素

4・2・1　1族の元素

　1族は周期表の一番左の列の元素で，最外殻に一つの電子をもち，その最外殻の1個の電子を失って1価の陽イオンになりやすいという共通の性質がある．水素以外の1族の元素は**アルカリ金属**とよばれ，単体はいずれも密度の小さい銀白色の，融点が低く柔らかい金属である．

　a. ナトリウム　　ナトリウム Na は食品から摂取しなければならないミネラル（無機質）であり，おもに**食塩**（**塩化ナトリウム** NaCl）として摂取される．ナトリウムは，細胞外液（体液）に存在し，浸透圧調整や神経伝達，筋収縮などで重要な役割を担う．しかし，摂りすぎると高血圧や胃がん，食道がんなどのリスクを高めるので，日本人が当面の目標とすべき食塩の摂取量は，食文化や現状の摂取量を考慮して，18歳以上女性では1日 6.5 g 未満，男性では 7.5 g 未満とされている（"日本人の食事摂取基準 2020 年版"）．ナトリウムの摂りすぎ予防のため，わが国では原則として，消費者向けにあらかじめ包装されたすべての加工食品に食塩相当量に換算したナトリウムの含有量を表示することが義務づけられ

＊　プラズマとは，気体を構成する分子が電離し，陽イオンと電子に分かれて自由に運動している状態のことである．誘導結合プラズマ（inductively coupled plasma, ICP）は，高周波電流をコイルに流して高周波磁界を発生させ，その時間変化による電磁誘導で電界を発生させ，そこに気体を流して放電させることによって生成される高温のプラズマ．この ICP を使って分析対象の元素を励起し，基底状態に戻る際の各元素に特有の波長の発光を測定することで元素の定量を行ったり（ICP 発光分析），生成イオンを質量分析計で定性・定量したり（ICP 質量分析）できる．

　■ 例題 4・3　ナトリウムを 4 g 摂取するということは，食塩（NaCl）相当で考えると何 g を摂取することになるか．
　解　答　食塩の摂取量を x g とすると，NaCl の式量が 58.44 で，Na の原子量が 22.99 なので，

$$x : 4 = 58.44 : 22.99$$
$$x = 4 \times 58.44/22.99 = 10.16$$

よって，約 10.2 g となる．

ている. 一方, 多量の発汗, 激しい下痢や嘔吐がある場合にはナトリウムが欠乏し, 血液の濃度が高まり, 頻脈, 低血圧, 頭痛, 倦怠感や疲労感, 食欲不振や吐気, 筋肉のけいれんを起こすので, 水分とともにナトリウムを含むミネラルを補給する必要がある.

b. カリウム　体内で細胞内に多く存在し, 細胞外液に多いナトリウムと協同して細胞の浸透圧を維持したり, 水分を保持したりするなど, カリウム K は恒常性維持の役割を果たす. また, ナトリウムとは逆に血圧を下げる方向に働く. 食品から摂取しなければならない元素であるが, カリウムは野菜や果物だけでなく動物性食品にも多く含まれ, 通常の食生活で不足することはない. ただし, 多量の発汗, 激しい下痢や嘔吐の場合にはナトリウムだけでなくカリウムも欠乏することがあるので, 水分とともにミネラルの補給も心がける.

c. セシウム　カリウムと似た挙動を示す元素である. 安定同位体 ^{133}Cs のほかに, 放射性同位体の ^{134}Cs と ^{137}Cs が知られている. チェルノブイリ原子力発電所や福島第一原子力発電所の事故の際には, 放射性セシウム ^{134}Cs と ^{137}Cs が原子炉から環境中に放出され, 農畜水産物の汚染をひき起こした. ^{134}Cs の半減期は 2 年, ^{137}Cs の半減期は 30 年であるので, その影響は事故後も長期にわたり, 消費者の健康を守るために, 汚染地域では作物の作付け制限や漁業の操業規制が行われ, 出荷のための農畜水産物の汚染検査も続けられている. 植物は土壌中のカリウムが少ないと性質が似たセシウムを多く吸収するので, 作物の放射性セシウムの吸収抑制にカリウム肥料の施肥が有効である場合がある.

4・2・2　2 族の元素

周期表の左から 2 番目の列の元素で, 最外殻に二つの電子をもち, その 2 個の電子を失って 2 価の陽イオンになりやすいという共通の性質がある. ベリリウム Be とマグネシウム Mg 以外の 2 族の元素 (カルシウム Ca, ストロンチウム Sr, バリウム Ba, ラジウム Ra) は, **アルカリ土類金属**とよばれる*.

2 族のマグネシウムやカルシウムが多く含まれる水を**硬水**とよび, これらの含量が少ない水を**軟水**という. ゆで水中のカルシウムは肉の中のアクを出しやすく肉を柔らかくするが, マグネシウムやカルシウムは昆布やカツオの旨味成分を溶け出しにくくするので, 硬水は肉の煮込み料理に適しており, 軟水は昆布やカツオのだしを使った和食に適するといわれている. また, マグネシウムやカルシウムはせっけんと反応して不溶の塩 $[Mg(OCOR)_2, Ca(OCOR)_2]$ を生じるため, 硬水はせっけんの泡立ちがよくなく, 洗浄力が劣る.

a. マグネシウム　マグネシウム Mg は生体内で働く多くの酵素の活性に必要であり, ミネラルとしてヒトに必須の元素である. 植物においては光合成に必要なクロロフィルの中心に存在する.

マグネシウムの塩である塩化マグネシウム $MgCl_2$ は, 塩析作用 (§5・8・4c 参照) により大豆タンパク質を凝固させるので豆腐用凝固剤として使われる. なお, 海水から製造される**にがり**は, 伝統的に豆腐の凝固に使用されてきたが, その主成分は塩化マグネシウムである.

*　ベリリウム, マグネシウムの単体はアルカリ土類金属の単体と比べて, 炎色反応を示さない, 常温では水と反応しない, 水酸化物の溶解性が低いなどの違いを示す.

b. カルシウム　　カルシウム Ca もミネラルとしてヒトに必須の元素である．骨や歯の主要構成元素であるので，カルシウムは妊婦や成長期の子供や若者にとって特に必要な元素である．また，高齢者にとっても骨量の減少による骨折のリスクを減らすために不足なく摂取するよう心がけるべき元素である．そのため，カルシウムを多く含む乳製品の摂取が推奨されており，またカルシウムを添加したさまざまな栄養強化食品も市販されている．

カルシウムの塩である塩化カルシウム $CaCl_2$ や硫酸カルシウム $CaSO_4$ は，マグネシウム塩と同じく豆腐用凝固剤として使われる．酸化カルシウム（生石灰 CaO）や塩化カルシウムは，吸水性を利用して食品の乾燥材として使用され，酸化カルシウムはまた水和時の発熱を利用して，弁当や飲料の加温に使用されることもある．

■**例題 4・4**　　炭酸カルシウムの加熱分解により酸化カルシウムが生じる反応式を書け．
　　解 答　$CaCO_3 \longrightarrow CaO + CO_2$

■**例題 4・5**　　酸化カルシウムと水との発熱反応でできる化合物は何か．
　　解 答　水酸化カルシウム $Ca(OH)_2$（消石灰）
反応式は，$CaO + H_2O \longrightarrow Ca(OH)_2$ である．

4・2・3　12 族の元素

a. 亜 鉛　　亜鉛 Zn は 2 個の価電子をもち，2 価の陽イオンになりやすい．いろいろな酵素の構成要素として多くの生体反応に関与しているので，摂取が必須のミネラルである．肉類や魚介類，特に牡蠣_{かき}には亜鉛が多く含まれている．また，味を感じる味蕾細胞の産生に亜鉛が必要なため，亜鉛不足は味覚障害をひき起こす．

b. カドミウム　　カドミウム Cd は銅や亜鉛の鉱石中に含まれるため，これらの鉱石の製錬時に排出される．ヒトにとって有害な元素で，腎障害をひき起こし，それにより骨軟化をひき起こす．1910 年代から 1970 年代に富山県の神通川下流域で発生した**イタイイタイ病**は，上流にある鉱山での製錬の際にカドミウムを含む廃水が排出されていたことが原因である．カドミウムに汚染された飲料水および汚染土壌で育てられた農作物などを長年にわたって摂取した結果，体内にカドミウムが蓄積し，中毒症状として現れたのがイタイイタイ病である．この事件を契機に食用の米のカドミウムの基準値が設定されるとともに，農用地法が制定されて土壌の汚染防止対策が開始された．わが国における食品衛生法に基づく米（玄米および精米）のカドミウムに関する規格基準は，0.4 ppm（0.4 mg/kg）以下となっている．日本にはカドミウムを含む鉱床や鉱山が多いので，土壌中のカドミウム濃度が比較的高い農地が多く，そこで収穫された米を食する日本人は，カドミウムの 1 日摂取量の約 4 割を米から摂取していると推定される．そ

こで，カドミウム摂取量の低減のために，カドミウム濃度が高い農地にカドミウム濃度が低い土を入れる客土を行ったり，水稲の穂が出る前後の期間を通じて水田に水を張ったままにする水管理や，石灰などを投入して土壌を中性化し，カドミウムを硫黄やリン酸，炭酸と結合させて水に溶けにくくする稲への吸収抑制対策などが講じられている．また，ファイトレメディエーション*やカドミウムを吸収しにくいイネの品種の作出も試みられている．

c. 水　銀　　水銀 Hg は常温常圧で液体として存在する唯一の金属元素で，銀白色で光沢をもつ．2個の価電子をもち，酸化数が+1，+2の化合物をつくる．無機水銀に比べ有機水銀は毒性が強く，なかでも**メチル水銀** CH_3Hg^+ は水俣病の原因物質にもなった．**水俣病**は，メチル水銀を含む工業廃水が水俣湾に排出され，魚介類の食物連鎖によって生物濃縮を受け，これらの魚介類を摂取した不知火海沿岸の住民が罹患した中毒症である（図4・8）．体内に吸収されたメチル水銀は，タンパク質中のシステインやグルタチオン（図4・9）などの SH 基に結合し，血液脳関門を越えて脳に輸送される．このため，メチル水銀は中枢神経系への強い毒性を示す．さらに，メチル水銀は血液胎盤関門も通過し，胎児に移行する．胎児期は脳などの中枢神経系の成長が最も早い時期であり，メチル水銀による影響を受けやすい．そのため，母親が妊娠中にメチル水銀を含んだ魚介

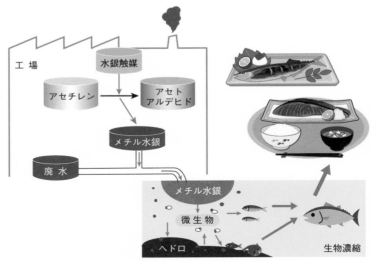

図 4・8　メチル水銀の食物連鎖

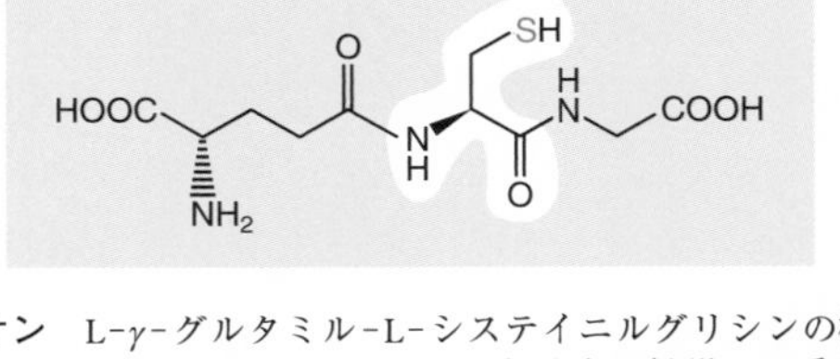

図 4・9　グルタチオン　　L-γ-グルタミル-L-システイニルグリシンの構造をもつトリペプチド．グルタチオン S-トランスフェラーゼという酵素の触媒で2番目のアミノ酸であるシステインの SH 基に毒物や薬物を含むさまざまな物質が結合し，グルタチオン抱合体となる．この反応は，一般に尿中への排出につながる解毒のための反応である．

＊　ファイトレメディエーション（phytoremediation）とは，植物を用いて環境中の汚染物質を除去する方法．カドミウムの汚染低減対策としては，カドミウムを吸収しやすいセイヨウカラシナやソルガムのような植物や，カドミウム高吸収イネ品種を植え，土壌中のカドミウムを吸収させた後，その植物体を田畑より取去って焼却し，カドミウムを回収する．

類を食べたことによる胎盤を通したメチル水銀のばく露は，出生後に精神・運動機能の発達遅滞がみられる先天性メチル水銀中毒，いわゆる**胎児性水俣病**をひき起こすことが知られている．

メチル水銀は，微生物によって海水中に天然に含まれる無機水銀からもつくられ，それが食物連鎖によって魚介類に蓄積，濃縮される．現在，日本人が摂取している水銀の8割以上が魚介類由来のものである．そこで，魚介類の水銀の暫定的規制値として，総水銀 0.4 ppm（0.4 mg/kg），メチル水銀 0.3 ppm（0.3 mg/kg，水銀として）という値が定められているが，海中の食物連鎖の上位にある大型の肉食性の魚やクジラ類および深海性魚介類の体内での濃度はこれより高くなることが多く，マグロ類や深海性魚介類はこの暫定規制値の適用対象から外されている．さらに厚生労働省は，メチル水銀の健康被害のリスクが高い胎児に考慮して，妊婦に対してキンメダイ，メカジキ，クロマグロ，メバチマグロなどは1回に食べる量を 80 g として，1週間に1回までとすることを推奨している．一方，魚介類は良質なタンパク質や EPA，DHA などの高度不飽和脂肪酸を他の食品に比べて多く含むとともに，カルシウムなどの摂取源でもあるので，一般には過剰に気にして極端に魚介類を避けることなく，通常の食べ方をして差支えないとしている．

4・2・4 13 族の典型金属元素

13 族の元素である**アルミニウム** Al は，3個の価電子をもち，3価の陽イオンになりやすい．単体は銀白色の金属で，熱伝導性が高く，加工性がよく，軽量であるため，缶詰やレトルト食品など食品の包装用材に広く用いられている．アルミ箔は常温や冷蔵・冷凍時だけでなく，直火やオーブンでの加熱調理用の容器や包材にも使用できる．アルミニウムは酸化されやすいが，空気中では表面にできた酸化皮膜により内部が保護されるため，高い耐食性をもつ．人工的にアルミニウム表面に厚い酸化アルミニウム Al_2O_3 の被膜をつくる**アルマイト処理**は，軽い食器やボウル，やかんの材料に利用されている．アルミニウムを原料鉱石のボーキサイトから製錬して得るのに比べ，リサイクルして使用する方がエネルギー的に優位なため，アルミ缶のリサイクル率は 90 % を超えている．

硫酸アルミニウムカリウム $AlK(SO_4)_2 \cdot nH_2O$ と硫酸アルミニウムアンモニウム $AlNH_4(SO_4)_2 \cdot nH_2O$ はミョウバンの一種で，ナスの漬物の色の安定化のほか，菓子の膨張剤や魚介類の煮崩れの防止，野菜類の歯切れ，歯ごたえをよくするための食品添加物として使用されている．

4・2・5 14 族の典型金属元素

a. ス ズ　スズ Sn は4個の価電子をもち，酸化数が +2，+4 の化合物をつくる．スズは比較的融点が低く毒性も低いので，単体または合金の成分として用いられてきた．単体は酸化や腐食に強いため古くから食器に用いられてきたが，近年ではアルミニウムやステンレスに置き換えられている．スズの用途としては，鉛との合金である**はんだ**や，鋼板にスズをめっきした**ブリキ**の製造があげ

られる．ブリキは缶詰の缶として使われていたが，近年は鉄の合金であるスチール缶やアルミニウム缶が主流になっている．

b. 鉛　　鉛 Pb も 4 個の価電子をもち，酸化数が +2，+4 の化合物をつくる．鉛の単体は青灰色の金属光沢があり，密度が大きいが，軟らかく加工が容易である．放射線の遮蔽材料などに用いられる．

鉛は世界中において，古くは塗料や化粧用色素，近代では，水道管，はんだ，ガソリンなどの原材料として，幅広い用途に使われてきたが，蓄積性の毒性があり，ヒトのさまざまな部位に悪影響を与え，特に幼児は低いレベルのばく露でも神経系に影響を与える．そのため現在では，先進国を中心に鉛の産業利用は減少傾向にある．しかし，利用の歴史が長いことやその用途が広範にわたったことから，現在でも環境中に広く残留し，それが食品に混入する場合があるので，国際的に食品に含まれる鉛の低減に向けた対策が進められている．

4・3　遷移金属元素

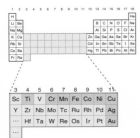

a. チタン　　チタン Ti は銀灰色を呈する金属元素で，安定な酸化数は +3，+4 である．自然界のチタンの存在量は多いが，製錬・加工の難しさから，広く用いられるようになったのは比較的最近である．空気に触れると表面が安定な酸化物で覆われるために強い耐食性をもち，軽くて硬く高強度であることから，航空機やゴルフクラブ，眼鏡のフレームなどに利用されるほか，熱伝導性は低いがフライパンのような調理器具や，保冷性，保温性のよさからカップのような食器にも使われている．

b. クロム　　クロム Cr は銀白色の金属で，おもに酸化数が +3，+6 の化合物を形成する．自然界に存在するクロムのほとんどは 3 価のクロムである．ヒトにとって必須元素であるが，海藻，肉類，魚介類など幅広い食品に含まれているので，通常の食事で不足が問題になることはない．金属クロムはステンレス鋼の製造に使用される．ステンレス鋼は，さびにくく，耐熱性，加工性に優れるので，ナイフやスプーン，鍋やポットにも使用されるが，ステンレス製器具および食器からの食品へのクロムの溶出量はきわめて少ない．6 価クロムは工業的に製造されるものであり，めっき，顔料，防腐剤などに用いられるが，毒性が強く，発がん性があるので，水道水や清涼飲料水，食品における含有濃度に関して基準値が定められている．

c. マンガン　　マンガン Mn は銀白色の金属で，酸化数 +2，+4，+7 などの化合物をつくる．マンガンは植物において光合成の反応に関与する必須元素で，炭酸マンガン $MnCO_3$ や硫酸マンガン $MnSO_4$ などが肥料として使われる．また，細胞内に発生した活性酸素の分解にかかわる酵素であるスーパーオキシドジスムターゼは，活性中心に銅，亜鉛，鉄をもつ場合のほかに，マンガンが存在する場合もあり，植物以外の生物にとっても必要な元素である．

d. 鉄　　鉄 Fe は地球上に豊富に存在する強磁性を示す元素で，酸化数 +2 と +3 の化合物が存在する．純粋な鉄の単体は白い金属光沢をもつが，湿気を含

む空気中では酸化されて赤褐色の酸化鉄（Ⅲ）Fe_2O_3 を生じる．これが赤さびである．強熱すると黒色の四酸化三鉄 Fe_3O_4 を生じ（黒さび），鉄瓶などの表面を覆って内部を保護するのに用いられる．

　鉄はヒトにとって必須の元素である．酸素を運ぶ赤血球中のタンパク質ヘモグロビンは四つのサブユニットからなり，一つのサブユニットにはそれぞれ一つの**ヘム**とよばれるポルフィリンが2価の鉄に配位した補欠分子族が結合している（図4・10）．そのため，鉄不足になると赤血球数やヘモグロビンが減って貧血となる．鉄分を多く含む食品はホウレンソウやレバーなどである．なおヘムは，ヘモグロビンだけでなく，ミオグロビン，シトクロム，カタラーゼなどの酸化還元反応にかかわるタンパク質にも含まれる．

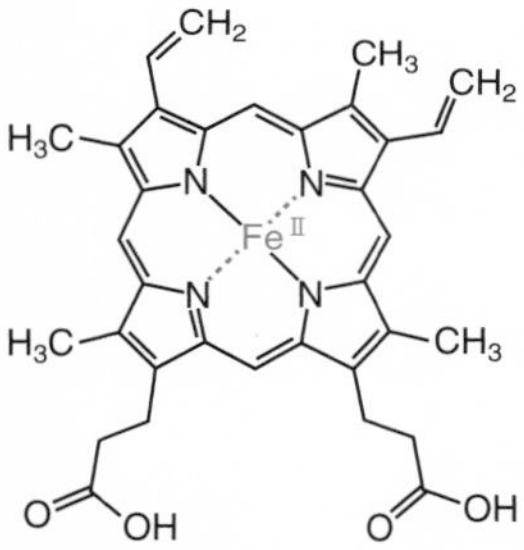

図 4・10　ヘムの構造

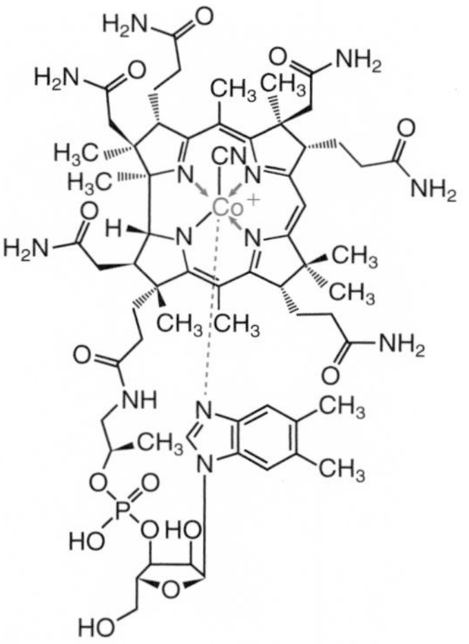

図 4・11　ビタミン B_{12}（シアノコバラミン）の構造

　e. コバルト　　コバルト Co は単体では強磁性の銀白色の金属で，おもに酸化数が +2，+3 の化合物を形成する．青色や緑色，黄色を呈するコバルトの化合物は，顔料として用いられ，陶磁器やガラスの着色に使用される．ビタミン B_{12}（シアノコバラミン，図4・11）はコバルトの錯体であるので，コバルトはヒトにとって必須元素である．放射性同位体の ^{60}Co は，γ 線源として，医療分野では放射線療法，器具の γ 線滅菌，食品分野では食品照射* などに利用されている．

　f. ニッケル　　ニッケル Ni は強磁性の銀白色の光沢ある金属で，おもに酸化数 +2 の化合物をつくる．耐食性が高いため，硬貨や装飾用のめっきやステンレス鋼の原料などにも使用される．また，マーガリン製造のための不飽和脂肪酸の炭素-炭素二重結合への水素付加反応の触媒としても利用される．

　g. 銅　　銅 Cu は +1 および +2 の酸化数をとる．単体は赤橙色の金属であるが，空気中では酸素と徐々に反応して黒褐色をした酸化銅の被膜を形成する．また，湿った条件下では二酸化炭素と反応して青緑色のさびである炭酸二水酸化二銅（Ⅱ）$CuCO_3 \cdot Cu(OH)_2$ を主成分とする緑青を生じる．柔らかく展延性に富

*　殺菌や殺虫などの目的で食品に X 線や γ 線，電子線などを照射すること．諸外国では主として加熱を行うと香りが損なわれるスパイス類の殺菌に用いられているが，日本で許可されているのは発芽防止を目的とするジャガイモの照射のみ．

み，高い電気伝導率と熱伝導率をもつ．このような性質を利用して，銅は電線や屋根ふき材や配管，また鍋にも使用される．

生体内で銅は，ヘモグロビンの合成に不可欠な元素である．ほとんどの軟体動物と多くの節足動物において酸素輸送の役目を担う**ヘモシアニン**は，銅が活性中心にある酸素結合タンパク質である．ヘモシアニンは酸素と結合して青色を呈するため，これらの生物の血は青色をしている．銅はまた，ミトコンドリアにおける呼吸鎖の最後の酵素であるシトクロム c オキシダーゼの活性中心において酸素の還元のために鉄と協同する．光合成における電子伝達に関与するタンパク質であるプラストシアニンの活性中心にも銅は存在するため，植物においても必須な元素である．

h. 銀　銀 Ag は室温における電気伝導率と熱伝導率，可視光線の反射率がいずれも金属中で最大で，延性および展性にも富む．この性質を利用して，電気工学の分野や鏡の製造に利用される．銀はまた，貴金属として貨幣や宝飾品，高級食器の材料として昔から重用され，ヨーロッパを中心に銀製のナイフ，フォーク，皿，ポットなどの食器が製造されてきた．しかし，貴金属のなかでは比較的化学反応性が高く，酸化数＋1の化合物を形成し，空気中の硫黄化合物により表面に硫化物 Ag_2S が生成して黒ずんでくる．また銀はハロゲンと反応してハロゲン化銀を生成し，フッ化銀以外のハロゲン化銀は光により銀を遊離するので，写真やX線用のフィルムや印画紙に利用される．単体の銀は着色料として食品に用いることができる．よく知られた使用例として，銀箔をコーティングした仁丹や，糖粒に銀粉をつけた菓子装飾用に用いられるアザランがある．

■ **例題 4・6**　ハロゲン化銀の例をあげ，その組成式を書け．
　解答　フッ化銀 AgF，塩化銀 AgCl，臭化銀 AgBr，ヨウ化銀 AgI

---

i. 金　金 Au は光沢のある黄色を呈し，柔らかく，展性，延性は金属中で最大である．反応性が低く，ほとんど化学的腐食を受けない．そのため，古くから貴金属として貨幣や装飾品に使われてきた．胃酸などの消化液とも反応せず，そのまま排泄されるので毒性はなく，金箔や金粉を装飾のために飲料や料理に混ぜるなどして用いることがある．金コロイドは，近年，病原菌やアレルゲンの検出用のイムノクロマトグラフィーにおける抗体の着色標識用に使用されるようになった*．

* 物質が微粒子として分散している状態を**コロイド**という（§5・8・4参照）．金が 10 nm 程度の微粒子として分散している場合は赤色を呈し，これが抗体の標識に用いられる．

■ 章 末 問 題

問題 4・1　常温で気体となる水素を含む化合物分子の例をあげよ．
問題 4・2　二酸化硫黄（亜硫酸ガス）についての下記の問いに答えよ．
1) 亜硫酸ガスは硫黄を燃焼させる，亜硫酸ナトリウムに希硫酸を加える，銅に熱濃硫酸を作用させるといった操作で発生させられる．この亜硫酸ガスを発生させる三つの反応の反応式を書け．
2) 亜硫酸ガスを水に溶かすと酸性を示す理由を述べよ．

問題 4・3　次の物質の食品加工における用途を，下のＡからＥの中から選べ（複数回答あり）．

a）亜硝酸ナトリウム　　　　　　b）塩化マグネシウム

c）次亜塩素酸ナトリウム　　　　d）シリコーン

e）炭酸カリウム　　　　　　　　f）炭酸水素ナトリウム

g）二酸化硫黄　　　　　　　　　h）ポリリン酸ナトリウム

> Ａ かんすい，Ｂ 結着剤，Ｃ 殺菌料，Ｄ 消泡剤，Ｅ 豆腐用凝固剤
> Ｆ 発色剤，Ｇ 漂白剤，Ｈ 膨張剤，Ｉ 保存料

問題 4・4　以下の記述はある金属元素について書いたものである．その元素記号を答えよ．

1）大量に摂取すると神経障害を起こし，マグロなど大型魚類の大量摂取が妊婦で問題となる．

2）大量に摂取すると骨に障害が起こり，日本人の摂取源としては米が一番大きな割合を占めている．

3）東日本大震災時の福島第一原子力発電所の事故で，半減期が 30 年の放射性同位体が周辺地域に降り注いで汚染をひき起こした．

問題 4・5　生体中で機能する以下の錯体の中心原子を答えよ．

a）ミオグロビン　　　　　　　　b）クロロフィル

c）ビタミン B_{12}　　　　　　　　d）ヘモグロビン

e）ヘモシアニン

第Ⅱ部
物質の変化

5 物質量と濃度，状態変化

5・1 原子量，分子量，式量

　原子の質量はとても小さくそのままの数値では取扱いにくいため，ある原子を基準にした原子の相対的な質量（**相対原子質量**）が用いられている．この際基準となっているのは，質量数 12 の炭素原子 ^{12}C の質量を 12（端数なし）とするもので，その 12 分の 1（つまり 1）は陽子または中性子それぞれ 1 個分の相対的な質量とほぼ等しい．ある一つの元素の**原子量**とは，同位体が存在する場合はそれぞれの相対原子質量をその存在比で加重平均して求めた数値である．たとえば水素を考えると，水素 ^1H，重水素 ^2H，三重水素 ^3H の混合物であり，それぞれの相対原子質量と天然存在比は ^1H（1.007825）：99.984426 %，^2H（2.014102）：0.015574 %，^3H：極微量である．したがってこの加重平均をとると水素の原子量は 1.0079 になる．炭素についても，天然には ^{12}C（12.000000）：98.889 %，^{13}C（13.003355）：1.111 %，^{14}C：（極微量）が存在するため，原子量は 12.0107 になる．

　原子に原子量があるように分子には**分子量**がある．分子量は分子を構成している原子の原子量に各原子の数をかけ合わせた数値の合計である．すなわち，メタン CH_4 の分子量を計算すると，以下のようになる．

$$C(12.0107) + H(1.0079) \times 4 = 16.0423$$

　分子とよばない物質（たとえば物質を構成する原子間の結合がイオン結合あるいは金属結合の場合や，共有結合で構成する物質のうちダイヤモンドやグラファイトなど分子が一単位として存在しない場合）は，単体および化合物の組成を化学式で表す．化学式（分子式や組成式）から求まる相対質量を**式量**（化学式量）といい，化学式に含まれる原子の原子量の総和となる．式量という言葉は分子量よりも広義に用いられる．

■**例題 5・1**　次の元素の原子量を求めよ．
1) 酸素 ^{16}O（15.994915）：99.7628 %，^{17}O（16.999133）：0.0372 %，^{18}O（17.999160）：0.20004 %
2) 塩素 ^{35}Cl（34.968851）：75.53 %，^{37}Cl（36.965898）：24.47 %

解　答
1) $15.994915 \times 0.997628 + 16.99133 \times 0.000372 + 17.999160 \times 0.0020004 = 15.9994$
2) $34.968851 \times 0.7553 + 36.965898 \times 0.2427 = 35.4527$

■ **例題 5・2**　次の式量を求めよ．原子量は以下の通りである．水素（1.0079），炭素（12.0107），酸素（15.9994），ナトリウム（22.9898），塩素（35.4527）

1) 二酸化炭素 CO_2　　　　　　　　　　2) グルコース $C_6H_{12}O_6$
3) 塩化ナトリウム NaCl

解　答

1) $12.0107 + 15.9994 \times 2 = 44.0095$
2) $12.0107 \times 6 + 1.0079 \times 12 + 15.9994 \times 6 = 180.1554$
3) $22.9898 + 35.4527 = 58.4425$

■ 5・2　モルとアボガドロ定数

　国際単位系（SI）における物質量の基本単位である**モル**（mol）は 6.02×10^{23} 個の粒子を含む物質の量であり，これを **1 mol** と定義する．この数値は，イタリアの科学者 A. Avogardo の名をとって**アボガドロ定数** N_A とよばれており，正確な値は以下のとおりである*．

$$N_A = 6.02214076 \times 10^{23}$$

　mol を単位として表した粒子の量を**物質量**という．mol の考え方は，鉛筆 1 ダースが 12 本から成り立つのに似ている．1 mol という単位には，6.02×10^{23} 個の膨大な粒子が存在する．ある原子 1 mol 当りの質量（**モル質量**という）は，原子量に g/mol の単位をつけたものと一致する．鉄原子 Fe が 6.02×10^{23} 個集まれば鉄原子 1 mol であり，55.845 g の質量になる．水分子 H_2O が 6.02×10^{23} 個集まれば水 1 mol であり，18.015 g の質量になる．酸素分子 O_2 が 6.02×10^{23} 個集まれば 1 mol であり，31.999 g の質量となり，標準状態で 22.4 L の体積となる[**標準状態**とは 0 ℃（273.15 K），1.013×10^5 Pa（＝1 気圧）の状態をさす]．

*　かつてはアボガドロ定数は "12 g の ^{12}C に含まれる炭素原子の数（測定値）" とされていたが，SI 単位の改正により 2019 年 5 月からこの定義値として取扱われている．

■ **例題 5・3**　以下の問いに答えよ．ただし，鉛 Pb の原子量 207.2，窒素 N_2 の分子量 28.0135，水 H_2O の分子量 18.0152，アボガドロ定数 6.02×10^{23} とする．

1) 1.60×10^{24} 個の水分子の質量を求めよ．
2) 鉛 25.3 g の物質量は何 mol か．
3) 窒素分子は標準状態で 2.05 L のとき何 mol に相当するか．

解　答

1) まず，1.60×10^{24} 個が何 mol に相当するかを計算する．1 mol は 6.02×10^{23} 個なので 1.60×10^{24} 個は，

$$(1.60 \times 10^{24}) / (6.02 \times 10^{23}) = 2.6578 \cdots \text{ mol}$$

このときの水の質量は，水の分子量が 18.0152 なので，

$$18.0152 \text{ g/mol} \times 2.65 \text{ mol} = 47.9 \text{ g}$$

2) 鉛の質量を原子量で割る．

$$\frac{25.3 \text{ g}}{207.2 \text{ g/mol}} = 0.122 \text{ mol}$$

3) 窒素分子 1 mol は標準状態で 22.4 L なので，

$$\frac{2.05 \text{ L}}{22.4 \text{ L/mol}} = 0.0915 \text{ mol}$$

5・3　溶解と濃度——モル濃度，規定度

　液体に気体，液体，固体が混合して均一な液相を形成する現象を**溶解**という．溶解によってできた液体を**溶液**とよぶ．溶液はその内部において分子やイオンが自由に動くことができる均質の混合物である．液体に気体，固体が溶解した場合，この液体を**溶媒**，気体および固体を**溶質**とよぶ．液体に液体が溶解した場合には溶媒，溶質の区別はつきにくい．この溶質と溶液の割合を**濃度**という．濃度の表し方には，**質量パーセント濃度**，**モル濃度**，**質量モル濃度**などがある．それぞれの濃度の算出は次のように示される．

$$質量パーセント濃度（\%）＝\frac{溶質の質量（g）}{溶液の質量（g）}\times 100$$

$$モル濃度（mol/L）＝\frac{溶質の物質量（mol）}{溶媒の体積（L）}$$

$$質量モル濃度（mol/kg）＝\frac{溶質の物質量（mol）}{溶媒の質量（kg）}$$

　質量パーセント濃度20％の食塩水100gをつくるには，80gの水に20gの食塩を溶解させるとできる．モル濃度1mol/Lの食塩水1Lをつくるには，58.5gの食塩を水に溶解した後，1Lとすればよい．すなわち，58.5gの食塩を1L未満の水に溶解し，1Lのメスフラスコに移した後，水を追加して1Lにすればよい[*1]．また，化合物によっては，水分子と一緒に別種の固体分子を形成する場合がある．たとえば硝酸ニッケル（Ⅱ）六水和物 $Ni(NO_3)_2\cdot 6H_2O$ などのように，結晶中に**水和水**（水分子）を含む物質がある．水和水を含む物質の水溶液をつくる場合，はかりとる試薬には水分子の重さも含まれているので，その重量を考慮する必要がある．

*1　58.5gの食塩を水1Lで溶解するのではないことに注意．

　溶液を扱う際に，酸-塩基反応，酸化還元反応，沈殿反応などを利用した滴定試験が行われるが，このとき広く用いられているのが**当量**という考え方である[*2]．たとえば，中和反応で硫酸1molと水酸化ナトリウム2molが反応して硫酸ナトリウム1molが形成される（$H_2SO_4＋2NaOH \longrightarrow Na_2SO_4＋H_2O$）とき，硫酸は水酸化ナトリウムに対し2当量の酸であると言い表し，中和点では酸と塩基の当量数が等しくなる．つまり酸でいえば H^+ を1mol放出する量が1当量，塩基でいえば OH^- を1mol放出する量が1当量になる．当量をグラム（g）単位で表した量を**グラム当量**とよび，酸・塩基においては式量を価数で割った値となる．1グラム当量が1Lに溶解した状態を1**規定**（単位N）という．すなわちモル濃度を酸塩基の価数で割った数字をさす．たとえば，1Nの H_2SO_4 水溶液は，1L中に49g（H_2SO_4 の分子量は $1\times 2＋32\times 1＋16\times 4＝98$ であり，H_2SO_4 は2価の酸なので $98/2＝49$）の H_2SO_4 を含む．1Nの NaOH 水溶液は，1L中に40g（NaOH の分子量は $23＋16＋1＝40$ であり，NaOH は1価の塩基なので $40/1＝40$）の NaOH を含む．1Nの $Al(OH)_3$ 水溶液は，1L中に26g［$Al(OH)_3$ の分子量は $27＋17\times 3＝78$ であり，$Al(OH)_3$ は3価なので $78/3＝26$］の $Al(OH)_3$ を含む．

*2　当量はモルのように化学種の物質の量を表す単位であるが，関与する反応によって変わる不明確な量であるので，注意する必要がある．

■ **例題 5・4**　以下の問いに答えよ．ただし，原子量は H: 1.0，O: 16.0，N: 14.0，Na: 23.0，Cl: 35.5，S: 32.0 とする．

1) 水 100 g に塩化ナトリウム NaCl 25.0 g を溶解したとき，溶液の質量パーセント濃度は何％になるか．
2) 溶液 2.0 L 中に水酸化ナトリウム NaOH を 120 g 含む水溶液のモル濃度は何 mol/L か．
3) 市販の濃アンモニア水の質量パーセント濃度は 28 ％，密度は 0.9 mg/mL である．この溶液の水溶液のモル濃度は何 mol/L か．

解 答

1) 質量パーセント濃度は，溶質の質量/溶液の質量であるから，

$$\frac{25\ \mathrm{g}}{(100\ \mathrm{g} + 25\ \mathrm{g})} \times 100 = 20\ \%$$

2) まず，NaOH の式量を求めると 40.0 であるから，120 g は 3.0 mol 分に相当する．したがって，モル濃度は溶質の物質量（mol）/ 溶液の体積（L）であるから，3.0 mol/2 L＝1.5 mol/L となる．

3) 28 ％アンモニア水（分子量 17.0）が 100 mL 存在すると仮定すると，この溶液の密度は 0.9 g/mL であることから，質量は 100×0.9＝90 g である．次に，この 90 g の溶液の 28 ％を占めるアンモニアの物質量を求めると，(90×0.28)/17＝1.48 より，1.48 mol/0.1 L＝14.8 mol/L となる．

■ 5・4　状態変化──固体，液体，気体

　一般に，物質は**固体，液体，気体**という 3 種の状態に変化する．この変化は物質自体が変化する化学変化ではなく，化学的には同じ組成であり，同じ性質をもつが，見かけの状態が変わる**状態変化**（物理変化）である．また，3 種の状態を**物質の三態**という．物質の三態間の変化は温度や圧力の変化によって起こる．水を例にとると，氷（固体），水（液体），水蒸気（気体）のように変化する．

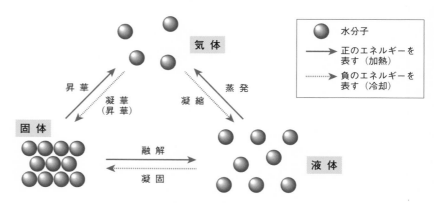

図 5・1 物質の状態変化

　状態変化において分子の授受する熱エネルギーの関係は，図 5・1 のように示すことができる．**固体**は，分子のもっているエネルギーが少ない状態である．分

子の運動が少なく互いに分子間力でつながり, 規則正しく並んでいる. 外部から熱エネルギーを与えることにより, 分子の運動は活発になり, 温度が上昇して**融点**に達する. さらに熱エネルギー (**融解熱**) を与えることにより液体に変化する. これを**融解**とよぶ.

　液体は, 分子の動きが活発になり分子どうしの結合は切れているが, 互いの影響力は維持している状態にある. この液体から熱エネルギー (**凝固熱**) を奪うと, 分子の動きが不活発になり, 規則正しく並んだ固体になる. これを**凝固**とよぶ. この液体に外部から熱エネルギーを与えると, 分子の動きがさらに活発になり, 液面から分子が気化するようになる. さらに, 熱エネルギーを与えると, 温度が上昇し沸点に達し, **沸騰**する. さらに熱エネルギー (**蒸発熱**) を与えると, すべての分子は飛びまわるようになり, 気体になる. これを**蒸発 (気化)** とよぶ.

　気体は, 高いエネルギーをもった分子が, 自由に運動している状態である. 気体となった分子から熱エネルギー (**凝縮熱**) を奪うことにより, 運動が不活発になり分子間距離が縮まって液体となる. これを**凝縮**とよぶ. ナフタレンのような化合物は, 固体の状態で熱エネルギーを与えることにより, 液体を経由せずに一気に気体に変化する. このときの現象を**昇華**とよび, 与える熱エネルギーを**昇華熱**とよぶ. ナフタレンは気化した状態から, 熱エネルギー (凝華熱・昇華熱) を奪うことにより, 一気に固体に状態変化する. これを**凝華・昇華**とよぶ.

　ある物質において, 融解熱と凝固熱, 蒸発熱と凝縮熱, 昇華と凝華は, 符号は逆になるが絶対値は等しい. 水の場合を例にすると, 氷 1 mol を融解して水 1 mol にするのに必要な熱エネルギーは 6.01 kJ であるが, 水 1 mol が凝固して氷 1 mol に変わるときに奪われる熱エネルギーも 6.01 kJ である. 水 1 mol が蒸発するのに必要な熱エネルギーは 40.7 kJ/mol であるが, 水蒸気 1 mol が凝縮するときに奪われる熱エネルギーも 40.7 kJ/mol である. 水の状態変化と熱量の関係を図 5・2 に示す. 水は, 0℃ 以下では固体である氷の状態を保っているが (**A**), 熱エネルギーが与えられることによって温度が上がり, 0℃ になる*. 0℃ の状態で氷は融解を始める. この状態では, 固体と液体が共存し (**B**), 温度は 0℃

* 物質 1 g 当たり温度を 1℃ 上げる熱量を**比熱** (比熱容量) という. 物質に加えた熱量と温度をプロットしたときに傾きが一定の直線になる場合は, 比熱が一定であるということを示している. 水では 2.4 J/(g・K), 水では 4.2 J/(g・K) になる. J〔ジュール〕はエネルギーの単位, K〔ケルビン〕は温度の単位である.

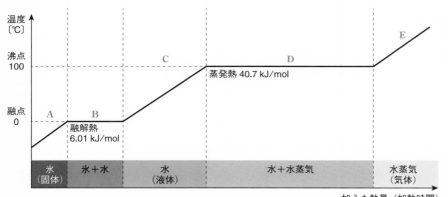

図 5・2　水の状態変化と熱量

を保つ．氷がすべて融解すると液体である水の状態に変化する．さらに熱エネルギーが与えられると水の温度が上昇し（**C**），100℃に達する．水は沸騰する．この状態では液体と気体が共存し（**D**），温度は100℃を保つ．水がすべて蒸発すると気体である水蒸気の状態に変化する．さらに熱エネルギーが与えられると水蒸気の温度は100℃以上に上昇する（**E**）．

5・5　蒸気圧と蒸気圧曲線

　ふたのない容器に入れた水を放置すると，水はしだいに減る．温度が100℃に達しなくても，水の分子が液体表面から気化して大気中に拡散するためである（蒸発）．液体は外部から得られる熱エネルギーによって，分子運動が活発になり，液体表面から大気中に飛び出していき，気体となる．一方，液体を密閉容器に入れておくと，外部から得られる熱エネルギーに従って，液体分子は液体表面から飛び出して気体となっていくが（蒸発），液体から蒸発して気体になる分子と，気体から凝縮して液体になる分子の数が等しくなり，見かけ上蒸発が止まってみえる状態になる．この状態を**気液平衡**とよぶ．図5・3に水の気液平衡状態を示す．

水分子

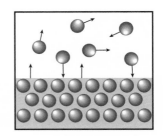

図 5・3　水の気液平衡状態

　気液平衡のときの気体の圧力を飽和蒸気圧または蒸気圧とよぶ．図5・4にジエチルエーテル，エタノールおよび水の各温度における飽和蒸気圧の変化を表す**蒸気圧曲線**を示す．水は，1気圧（$1.013×10^5$ Pa）のときに，100℃で沸騰し，約0.8気圧では92℃で沸騰するのがわかる．山の上のような気圧の低い場所では水が低温で沸騰してしまうのはこのためである*．

*　富士山の山頂の気圧は約630 hPaで，水の沸点は約87℃になる．

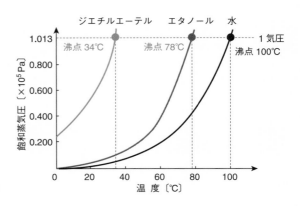

図 5・4　蒸気圧曲線

■ **例題 5・5** 次に示す蒸気圧曲線を参考に以下の問いに答えよ.
1) 1.0 気圧における, エタノールおよび水の沸点は何 ℃ か.
2) 0.8 気圧における, エタノールおよび水の沸点は何 ℃ か.

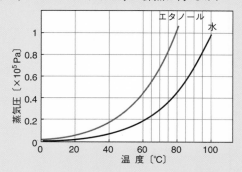

解 答
1) エタノールの沸点はグラフより 78 ℃, 水は 100 ℃.
2) エタノールの沸点はグラフより 72 ℃, 水は 95 ℃.

5・6 絶 対 温 度

日本で使用されている温度目盛は, 水の融点を 0 ℃, 沸点を 100 ℃ として, その間を 100 等分した**セルシウス温度**(摂氏温度, ℃)である. ほかに米国ではファーレンハイト温度(華氏温度, ℉)などが使用されている[*1].

一方, 化学で使用する温度に**絶対温度**(熱力学温度ともいう)がある. 単位は(K)で, 絶対温度 T (K) とセルシウス温度 t (℃)はそれぞれ 1 度の間隔が同じため, 次式が成り立つ.

$$T = 273 + t$$

つまり, 温度差を考えるときは, 絶対温度でもセルシウス温度でも同じになる. セルシウス温度の −273 ℃ は 0 K であり, これを**絶対零度**とよぶ[*2]. この温度では理想気体の体積が 0 になることに由来する.

*1 ファーレンハイト温度(℉)=セルシウス温度(℃)×1.8+32 で換算できる.

*2 厳密には絶対零度は −273.15 ℃ である.

■ **例題 5・6** 以下の問いに答えよ.
1) 0 ℃ を絶対温度で表すと何 K か.
2) −10 ℃ の氷 2 mol をすべて 100 ℃ の水蒸気に変えるには, 何 kJ の熱量が必要か. ただし, 氷の比熱 2.09 J/(g・K), 水の比熱 4.18 J/(g・K), 氷の融解熱 6.01 kJ/mol, 水の蒸発熱 40.7 kJ/mol(100 ℃ のとき), 水のモル質量は 18.0 g/mol とする.

解 答
1) 273+0=273 K
2) 2 mol の氷を −10 ℃ から 0 ℃ にするために必要な熱量は,

$$18.0 \times 2 \times 2.09 \, \text{J/(g·K)} \times 10 = 752.4 \, \text{J}$$

0 ℃ の氷を 0 ℃ の水にするための熱量は,

$$2.0 \, \text{mol} \times 6.01 \, \text{kJ/mol} = 12.02 \, \text{kJ}$$

0 ℃ の水を 100 ℃ にするために必要な熱量は，
$$18.0 \times 2 \times 4.18 \, \text{J}/(\text{g·K}) \times 100 = 15048 \, \text{J}$$
100 ℃ の水を 100 ℃ の水蒸気にするための熱量は，
$$2.0 \, \text{mol} \times 40.7 \, \text{kJ/mol} = 81.4 \, \text{kJ}$$
よって，－10 ℃ の氷 2 mol をすべて 100 ℃ の水蒸気に変えるには，
$$752.4 + 12020 + 15048 + 81400 = 109220.4 \, \text{J}$$
よって，109.2 kJ の熱量が必要になる．

5・7　モル沸点上昇，モル凝固点降下

§5・5 の蒸気圧曲線では，純粋な液体の蒸気圧は各温度において一定であった．では，その液体に溶質を溶解した場合には蒸気圧に変化があるだろうか．図5・5のように，溶媒に揮発しにくい溶質を希薄状態で溶解させた場合を考えると，蒸気圧の低い溶質分子のために溶媒分子の蒸発が減る．溶媒だけの蒸気圧（a）と比較して溶液の蒸気圧（b）は低下する．この現象を**蒸気圧降下**とよぶ．図5・5(c) の水の蒸気圧曲線をみると，A は水の蒸気圧曲線を示しており，溶質を溶解させると蒸気圧曲線は B のように右へ移行する．このとき同温での蒸気圧が降下していることがわかる．蒸気圧曲線が右に移行することによって，同温での蒸気圧が下がると同時に，沸点は上昇することがわかる．この現象を**沸点上昇**とよぶ．図5・5(c) において，溶液と純溶媒のみのときの沸点の差 Δt を**沸点上昇度**とよぶ．沸点上昇度 Δt は，溶液の質量モル濃度 m（mol/kg）に比例し，

$$\Delta t = K_b m$$

のように表すことができる．K_b は**モル沸点上昇定数**（K·kg/mol）とよばれる．この定数は，溶媒の種類によって決まり，溶質の種類に関係しない．水のモル沸点上昇定数は 0.52 である．

　溶液の沸点は純溶媒の沸点に比べて溶解している溶質の質量モル濃度に従って上昇することを述べたが，凝固点についても同様の現象が観測される．すなわち，水は 0 ℃ で凍るが海水は 0 ℃ では凍らない．このように，溶媒に溶質を溶解させると，溶液の質量モル濃度に比例して凝固点が下がる．このような溶液の

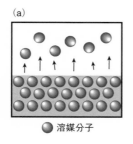

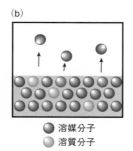

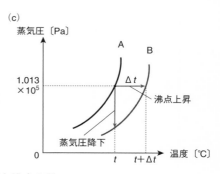

図 5・5　蒸気圧降下と沸点上昇

雪の下キャベツ

雪の下キャベツをご存知だろうか. いったん収穫したキャベツを雪の下で保存する方法だが, 単に保存するだけではなく, 雪の下に置いておくことによりキャベツは甘くなるという. なぜだろう. 収穫した後でもキャベツの細胞は生きている. したがって, 雪の下の0℃以下でも生き続けようとし, それには凍らないことが必要になる. 凍らないためにはキャベツの水分が0℃以下でも凍らないように, すなわち, キャベツの中のデンプンを分解し, グルコースを生産する. すると1分子のデンプンから数十~数百個のグルコースができてくる. その結果, 1 mol のデンプンは何十倍, 何百倍もの物質量になり, モル凝固点降下現象をひき起こす. これによりキャベツは凍ることから身を守ることができると同時に甘くなるのである.

ほかにも私たちの周りにはモル凝固点降下を利用しているものがある. たとえば冬に道路に氷結防止剤をまくのも, 塩化カルシウムなどによるモル凝固点降下を利用したものである.

凝固点が純溶媒より下がる現象を**凝固点降下**とよび, 溶液と純溶媒の凝固点の差を**凝固点降下度**とよぶ. 水 (純水) と水に溶質を溶かした水溶液の状態図を図5・6に示す. 凝固点降下度 Δt は, 溶質の質量モル濃度 m (mol/kg) に比例し,

$$\Delta t = K_f m$$

のように表すことができる. K_f は**モル凝固点降下定数** (K・kg/mol) とよばれる. この定数は, 溶媒の種類によって決まり, 溶質の種類に関係しない. 水のモル凝固点降下定数は1.87である.

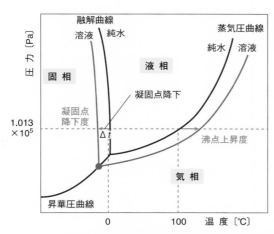

図5・6 水 (純水) と水に溶質を溶かした水溶液の状態図 状態図とは, ある物質の状態変化について, 圧力・温度を変数にとって, 気相・液相・固相間の平衡関係を図示したものである.

■ **例題5・7** 以下の問いに答えよ.

1) グルコース0.1 mol を水100 g に溶解したときの沸点は何℃になると予想できるか. 水のモル沸点上昇定数は0.52 K・kg/mol とし, 水の沸点を100℃とする.

2) グルコース13.5 g を水800 g に溶解したときの凝固点は何℃か. 水のモル凝固点降下は1.87 K・kg/mol とし, 水の凝固点を0℃, グルコースのモル質量は180 g/mol とする.

解 答

1) 0.1 mol/0.1 kg × 0.52 K·kg/mol + 100 ℃ = 100.52

したがって，沸点は 100.52 ℃ になる．

2) $\dfrac{13.5\,\mathrm{g}/(180\,\mathrm{g/mol})}{0.8\,\mathrm{kg}} \times 1.87\,\mathrm{K{\cdot}kg/mol} = 0.1753$

したがって，凝固点は −0.18 ℃ になる．

5・8　溶液の性質——溶解度，希薄溶液の性質，コロイド

5・8・1　固体の溶解度

　塩化ナトリウム NaCl の結晶を水に入れると，結晶は溶けて塩化ナトリウムの水溶液ができる．このとき，塩化ナトリウムの結晶が十分にたくさん存在すると，すべての結晶が溶けるのではなく，結晶のまま残っている部分が存在する．これをしばらく放置すると，固相と液相は平衡状態になる．このとき，溶媒に溶けている塩化ナトリウム（溶質）の量を，溶質の**溶解度**とよぶ．溶解度は，溶媒（この状態では水）100 g に溶けている溶質（塩化ナトリウム）量をグラム（g）単位で表す．すなわち，溶解度は 100 g 中の溶媒に溶解する溶質の量（g）を表す．縦軸に溶解度，横軸に温度をとったグラフを**溶解度曲線**（図 5・7）とよぶ．塩化ナトリウムのように，温度が上がっても溶解度に大きな変化がないものと，硝酸カリウムや硫酸銅(II)のように温度の上昇に伴って著しく，溶解度が上がるものがある．

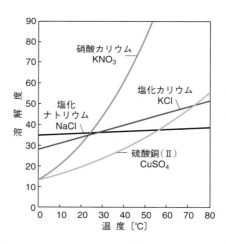

図 5・7　固体の溶解度曲線

■**例題5・8**　硝酸カリウムの溶解度は，25 ℃ で 37.9 g，50 ℃ で 85.2 g である．以下の問いに答えよ．

1) 50 ℃ の水 150 g には硝酸カリウムを何 g まで溶かすことができるか．
2) 1) の飽和水溶液の質量パーセント濃度は何％か．
3) 2) の飽和水溶液を 25 ℃ まで冷やすと，何 g の結晶が析出するか．

解答

1) 硝酸カリウムは50℃で水100gに85.2g溶けるので，水150gでは，
100：85.2＝150：x，したがって，x＝127.8g

2) 質量パーセント濃度は，溶質の質量/溶液の質量×100であるから，
$$127.8 / (127.8 + 150) \times 100 = 46.0\%$$

3) 硝酸カリウムは25℃で水100gに37.9g溶けるので，150gの水には，
100：37.9＝150：x，すなわち，x＝56.85となり，56.85g溶ける．
したがって析出する量は，127.8g－56.85g＝71.0g

5・8・2 気体の溶解度

気体の液体に対する溶解度は，溶解度係数，すなわち一定の温度で単位体積の液体に溶解する気体の体積をそのときの温度および圧力のもとで表したものである．一定の圧力下では，高温になるほど気体の溶解度は小さくなる（図5・8）.

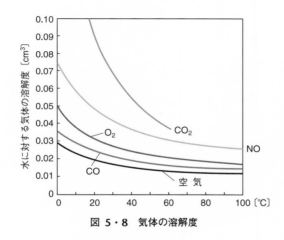

図5・8　気体の溶解度

高温では気体分子の熱運動が激しくなり，液体から飛び出しやすくなるからである．このように，気体の溶解度が比較的小さい場合，以下のような**ヘンリーの法則**が成立する．

1) 一定温度で一定量の溶媒に溶解する気体の質量は，その気体の圧力（分圧）に比例する．
2) 一定温度で一定量の溶媒に溶解する気体の体積は，その圧力下で測定すれば，気体の種類に関係なく一定である．

ここで，混合気体が示す圧力を**全圧**，各成分気体が単独で混合気体と同じ体積を占めるときに示す圧力を**分圧**といい，全圧は各成分気体の分圧の和に等しくなる．これを**ドルトンの（分圧の）法則**という．

図5・9に示すように，ヘンリーの法則により，一定温度であれば，圧力が2倍になれば溶解度は2倍になり，圧力が3倍になれば溶解度も3倍になる.

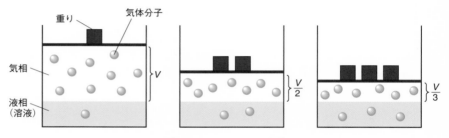

図 5・9　ヘンリーの法則

■ **例題 5・9**　下表をもとに，以下の問いに答えよ.

水 1 L に対する気体の溶解度†〔mmol/L H₂O〕

温 度〔℃〕	H₂	N₂	O₂	CO₂
0	0.98	1.06	2.20	77.02
20	0.81	0.71	1.39	39.16
25	0.76	0.66	1.28	34.06
40	0.74	0.56	1.04	23.80
60	0.73	0.49	0.88	16.65
80	0.76	0.48	0.83	13.02

†　ただし，1.013×10^5 Pa（1 気圧）のとき

1) 40 ℃ で 1.013×10^5 Pa の窒素が水 250 L に接して平衡になっている. このとき，溶けている窒素は何 mol か.

2) 20 ℃ で 1.013×10^5 Pa の空気が水 1.00L に接して平衡になっている. このとき，溶けている窒素と酸素はそれぞれ何 mol か. ただし，空気の組成は，窒素 80 ％，酸素 20 ％とする.

解 答

1) 40 ℃ で窒素は 1.00 L に 0.56 mmol 溶解するから，250 L には $1.00 : 0.56 = 250 : x$, すなわち，$x = 140$ mmol 溶けている.

2) 空気の圧力が 1.013×10^5 Pa のとき，酸素と窒素の組成比は 80：20 なので，

窒素の分圧は，1.013×10^5 Pa × 80/100 $= 8.104 \times 10^4$ Pa

酸素の分圧は，1.013×10^5 Pa × 20/100 $= 2.026 \times 10^4$ Pa

よって，20 ℃ のとき窒素は，$0.71 : (1.013 \times 10^5) = x : (8.104 \times 10^4)$，ゆえに $x = 0.57$ mmol 溶解している.

また，20 ℃ のとき酸素は，$1.39 : (1.013 \times 10^5) = y : (2.026 \times 10^4)$，ゆえに $y = 0.28$ mmol 溶解している.

5・8・3　希薄溶液の性質

a. 浸 透 圧　溶液中の溶質は拡散して均一になろうとする. 溶液中に濃度の差が存在すると，しだいに濃度に差がなくなり，均一に混ざる. 図 5・10 のように U 字管の真ん中に**半透膜**（一定の大きさの分子またはイオンのみを透過する膜）を挟んで，図(a) のように左側に溶媒を右側にスクロース（ショ糖）溶液を入れて，液面をそろえて，しばらく放置すると，図(b) のように左側の溶媒が半透膜を通して右側の溶液に移動し，溶液を希釈しようとする. 溶液中の溶

質は半透膜を通れないので左側に移動することはできない．この結果，右側溶液の水位が上昇する．図(c) のように，右側の溶液の液面に圧力をかけると，液面が下降し，溶媒側の液面が上昇する（このとき使用する半透膜はスクロースが透過することができない膜を使用する）．このように，もとの液面まで戻すのに必要な圧力を**浸透圧**とよぶ．浸透圧 Π（Pa）は希薄溶液では，モル濃度 c（mol/L），絶対温度 T（K）に比例し，次の式のように表すことができる[*1]．

$$\Pi = cRT \qquad (5・1)$$

R を**気体定数**といい，標準状態（1.013×10^5 Pa，273 K），1 mol の気体の体積を22.4 L として求めた以下の値を用いる．R は単位により値が異なることに注意が必要である[*2]．

$$R = 8.31 \times 10^3 \, \text{Pa·L}/(\text{K·mol})$$

また，図 5・10(a) において，溶液の体積を v（L），溶質の物質量を n（mol）とすると，モル濃度 c は $c = \dfrac{n}{v}$ で表すことができるので，(5・1)式を以下のように書き換えることができる．

$$\Pi v = nRT \qquad (5・2)$$

この（5・2)式を**ファントホッフの式**とよぶ．

*1 電解質の希薄溶液では，浸透圧は全イオンのモル濃度に比例する．

*2 気体定数 R は，物理化学系では SI 単位を用いた 8.314 J/(K·mol) の値が一般的であり，本書9章ではこの値を用いる．また，気圧の単位に atm を用いれば 8.21×10^{-2} atm·L/(K·mol) となる．

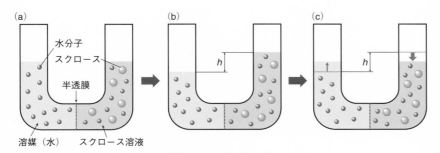

(a) 水分子 スクロース 半透膜 溶媒（水） スクロース溶液 (b) h (c) h

図 5・10 浸 透 圧

人 工 透 析

　人工透析という言葉を聞いたことがあるだろう．腎不全の末期症状において，低下した腎機能の代わりの役割を果たすのが，人工透析である．原理としては，血液を体内から取出し，血液中の老廃物や余分な水分を取除き，浄化された血液を体内に戻す．取出された血液は半透膜チューブに導かれ，チューブの周りを高浸透液で満たすことにより，血液中の老廃物を水とともに高浸透液中に排泄し，きれいになった血液をもとの体に戻すのである．

　浸透圧は食品にも利用されている．たとえば，漬物を作るときに野菜を塩漬けにするが，単に塩分により保存性を高めているだけではなく，塩分の浸透圧の影響で野菜から水分が奪われ，野菜のかさが減り食べやすくなっているのである．

■ **例題5・10**　ファントホッフの式が成り立つとして以下の問いに答えよ.
1) 塩化カルシウム $CaCl_2$ の水溶液（2.22 g/L）と同じ温度で浸透圧の等しいグルコース $C_6H_{12}O_6$ の水溶液がある. このグルコース溶液 1 L に含まれるグルコースの質量は何 g か. ただし，塩化カルシウムは完全に電離するものとし，$CaCl_2＝111$，$C_6H_{12}O_6＝180$ とする.
2) あるタンパク質 10 g を水に溶かして 1 L にした水溶液の 25 ℃ における浸透圧が 825 Pa であった. このタンパク質の分子量を求めよ.
3) 図のように U 字管を半透膜で区切り，1.00 mol/L の塩化ナトリウム水溶液と 1.00 mol/L のスクロース水溶液を同じ高さになるように入れた後，しばらく放置した. 水面はどのように変化するか.

塩化ナトリウム水溶液　　　　　　　スクロース水溶液

半透膜

解答
1) ファントホッフの式から，同温で同じモル濃度の溶液は浸透圧が等しいので，塩化カルシウム水溶液とグルコース水溶液のモル濃度が同じであると考えればよい. 塩化カルシウムのモル濃度は 2.22/111＝0.02 mol/L である. ただし，塩化カルシウムは希薄溶液で電離し，$CaCl_2 \longrightarrow Ca^{2+}＋2Cl^-$ のように三つのイオンになるため，粒子数は 3 倍になる. すなわち，0.02×3＝0.06 mol/L の粒子が存在する. よって，求めるグルコースの質量は，180×0.06＝10.8 g となる.
2) ファントホッフの式を変形して，各値を代入すると以下のようになる.

$$n = \frac{\Pi v}{RT} \times \frac{825\ \text{Pa} \times 1\ \text{L}}{8.31 \times 10^3\ \text{Pa·L/(K·mol)} \times (273＋25)\ \text{K}}$$

$$= 3.3331\cdots \times 10^{-4}\ \text{mol}$$

よって，このタンパク質の分子量は，$10/(3.33 \times 10^{-4})＝30,030$ となる.
3) 塩化ナトリウム水溶液の水面が上昇する. 両溶液のモル濃度は等しいが，スクロース水溶液は非電離溶液であり，塩化ナトリウム水溶液は電離溶液である. したがって，粒子の濃度は塩化ナトリウム水溶液の方が 2 倍となるため，スクロース水溶液中の水が，半透膜を通して塩化ナトリウム水溶液へ移動する.

5・8・4　コロイド

a. コロイド溶液　　懸濁液中の粒子が非常に小さい場合には，粒子は**ブラウン運動**のため沈むことがない. この混合物は沈降せず，異なる相に分離することはない. このとき分散している粒子を**コロイド粒子**（分散質）とよび，粒子径が $10^{-9}～10^{-7}$ m（1 nm～100 nm）程度の粒子をさす. コロイド粒子が分散している状態を**コロイド**とよぶ. コロイド粒子は図 5・11 に示すように，沪紙を通過することはできるが，半透膜を通過することはできない.

　液体や気体のように流動性のある系でのコロイドは**ゾル**とよばれる．液体のゾルを**コロイド溶液**，気体のゾルを**エアロゾル**とよぶ．ゾルを加熱したり，冷却したりすると，流動性のない**ゲル**ができる．表5・1にコロイドの形態とその例を示す．

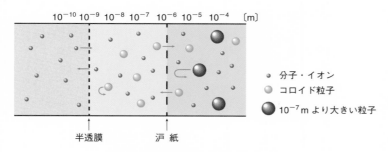

図 5・11　コロイド粒子の大きさ

表 5・1　コロイドの形態と例

形　態	分散している相	分散させている媒体	一般的な例
泡	気　体	液　体	せっけん泡，ホイップクリーム
固体泡	気　体	固　体	軽石，マシュマロ
液体エアロゾル	液　体	気　体	もや，霧，雲，大気汚染物質
エマルション	液　体	液　体	クリーム，マヨネーズ，牛乳
固体エマルション	液　体	固　体	バター，チーズ
煙	固　体	気　体	ちり，スモッグ，エアロゾル中の微粒子
ゾ　ル	固　体	液　体	糊化デンプン，絵の具，ゼリー
固体ゾル	固　体	固　体	合金，真珠，オパール

　b．コロイド溶液の性質　　コロイド粒子は，正か負の電荷を帯びているので電気的に反発し合い，沈殿せずに液中を漂っている．以下のようないくつかの性質を示す．

　i）**チンダル現象**：コロイド溶液に光線を当てると，光路が見える現象を**チンダル現象**とよぶ．液中に分散するコロイド粒子が光を散乱することで起こる．

　ii）**ブラウン運動**：溶媒分子がコロイド粒子にぶつかって，コロイド粒子が不規則に運動する現象を**ブラウン運動**とよぶ（図5・12）．

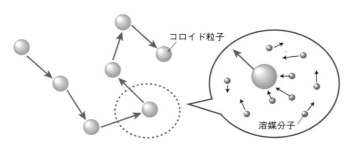

図 5・12　ブラウン運動

iii）**電気泳動**：コロイド溶液に直流電流を通じると，コロイド粒子が帯電している電荷と反対の極に移動する現象を**電気泳動**とよぶ．図5・13では，鉄イオンFe^{3+}が陰極に引き寄せられている様子がわかる．

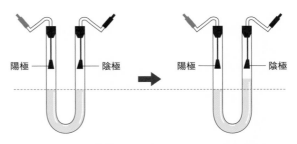

図 5・13　水酸化鉄（Ⅲ）$Fe(OH)_3$コロイド溶液の電気泳動

iv）**透析**：コロイド溶液を半透膜で包み，水などの溶媒に入れると，コロイド溶液中の小さなイオンや分子が溶媒へ移動することで除かれる．この溶液を精製する操作を**透析**という．血液中の老廃物を取除く**人工透析**もこの原理を利用している（p.79 コラム参照）．

c. コロイド溶液の種類

i）**疎水コロイド**：コロイド粒子のなかでも，水との親和性の低い粒子を**疎水コロイド**とよぶ．例として，金，粘土などがコロイド粒子を形成する場合などがある．疎水コロイドは，少量の電解質（硫酸アルミニウムなどの**凝集剤**）を加えると電荷がなくなり，粒子が集まって沈殿する（図5・14a）．この現象を**凝析**または**凝結**とよぶ．

ii）**親水コロイド**：コロイド粒子のなかでも，水との親和性の高い粒子を**親水コロイド**とよぶ．例として，ゼラチンや寒天などがコロイド粒子を形成する場合

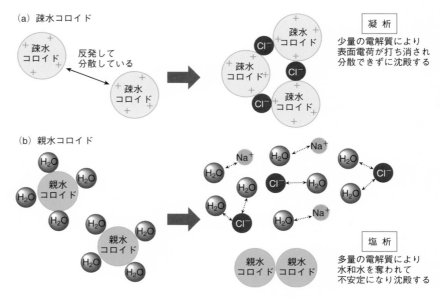

図 5・14　コロイド溶液の種類

などがある．親水コロイドのコロイド粒子は水和しているために電解質を加えても凝析しにくいが，多量の電解質を入れることにより，水和している水が除かれて沈殿する（図 5・14b）．この現象を**塩析**とよぶ．このように，コロイド粒子の沈殿除去は水処理技術に欠かせない．凝集剤には，硫酸アルミニウム（硫酸バンド），ポリ塩化アルミニウム（PAC），高分子凝集剤などがある．

iii）**保護コロイド**：疎水コロイドの凝析を妨げるために入れる親水コロイドを，特に**保護コロイド**とよぶ．

■ **例題 5・11**　粘土のコロイド溶液中に電極を挿入すると，コロイド溶液は陽極側に移動する．粘土のコロイドを凝析させたいとき，最も効果的な塩を次の a～e の中から選べ．

a. $AlCl_3$　　b. $CaCl_2$　　c. $NaCl$　　d. Na_3PO_4　e. K_2SO_4

解 答　a．凝析力の大きいイオンは，コロイド粒子と電荷が反対で価数の大きなイオンである（粘土のコロイドは負電荷を帯びていて，Al イオンが＋3 で価数が最大であるため）．

身近なコロイド

　私たちの身近なところにコロイドを見つけることができる（表 5・1 参照）．たとえば，私たちは牛乳が白い液体だと思っているが，実は無色の液体に油（乳脂肪）の細かい粒子が浮遊していて，光を乱反射するために白く見えているのである．この油の粒子がコロイド粒子である．ほかにも溶液ではないが，チーズ，ヨーグルト，豆腐などもコロイドの例である．

 章 末 問 題

問題 5・1　鉄 Fe の同位体における相対原子質量と天然存在比が次の値のとき，鉄の原子量はいくらか．^{54}Fe（53.939609）：5.845 %，^{56}Fe（55.934936）：91.754 %，^{57}Fe（56.935393）：2.119 %，^{58}Fe（57.933274）：0.282 %．

問題 5・2　各元素の原子量が水素（1.008），硫黄（32.07），酸素（16.00）のとき，硫酸と無水硫酸（三酸化硫黄）の式量をそれぞれ求めよ．

問題 5・3　次の問いに答えよ．ただし，各原子量を H: 1.0，C: 12.0，O: 16.0，N: 14.0，S: 32.0，アボガドロ定数を $6.02×10^{23}$ とする．

1）1.00 mol の水分子は何 g か．
2）34.0 g のアンモニアの物質量はいくらか．
3）14.0 g の窒素には窒素分子が何個含まれるか．
4）安息香酸 C_6H_5COOH 5.00 g に含まれる物質量を求めよ．
5）4.80 g の二酸化硫黄がある．標準状態（0 ℃，$1.013×10^5$ Pa）で占める体積は何 L か求めよ．

問題 5・4　以下の問いに答えよ．ただし，原子量は H: 1.0，O: 16.0，N: 14.0，Na: 23.0，Cl: 35.5，S: 32.0 とする．

1) 質量パーセント濃度が 10％の塩化ナトリウム水溶液 150 g に含まれる溶質は何 g か.

2) 0.05 mol/L の水酸化ナトリウム水溶液 200 mL 中に含まれる NaOH の物質量は何 mol か.

3) 密度 1.8 g/L，質量パーセント濃度 98％の硫酸 H_2SO_4 のモル濃度は何 mol/L か.

4) 質量パーセント濃度が 17％の硝酸ナトリウム $NaNO_3$ 水溶液がある．この水溶液の濃度をモル濃度に換算すると何 mol/L か（ただし，密度は 1.1 g/mL とする）.

5) 密度 1.1 g/mL でモル濃度 6.0 mol/L の塩酸 HCl の質量パーセント濃度は何％か.

問題 5・5   高い山の頂上でご飯を炊くと生煮えになるといわれる理由を説明せよ.

問題 5・6   窒素の沸点は 77 K であるが，これはセルシウス温度では何 ℃ か.

問題 5・7   以下の問いに答えよ.

1) グルコース 9.0 g を水 400 g に溶解したときの沸点は何 ℃ になると予想できるか．水のモル沸点上昇定数は 0.52 K·kg/mol とし，水の沸点を 100 ℃，グルコースのモル質量は 180 g/mol とする.

2) 塩化ナトリウム 0.1 mol を水 1000 g に溶解させたときの凝固点は何 ℃ になると予想できるか．水のモル凝固点降下定数は 1.87 K·kg/mol とし，水の凝固点を 0 ℃ とする.

問題 5・8   塩化カリウムの溶解度は 60 ℃ で 46，20 ℃ で 34 である．この値を用いて，次の問いに答えよ.

1) 60 ℃ の水 300 g に，塩化カリウムを飽和するまで溶解した水溶液を 20 ℃ まで冷却したときに何 g の塩化カリウムが析出するか.

2) 1）の塩化カリウム飽和水溶液の水を 40 g 蒸発させた場合，20 ℃ まで冷却したときにさらに何 g の塩化カリウムが析出するか.

3) 60 ℃ の塩化カリウム飽和水溶液 300 g を 20 ℃ まで冷却すると，何 g の塩化カリウムの結晶が析出するか.

問題 5・9   例題 5・9 の表をもとに，以下の問いに答えよ.

1) 20 ℃ で 2.026×10^5 Pa の水素が水 1.00 L に接して平衡になっている．このとき，溶けている水素は何 mol か.

2) 25 ℃ で二酸化炭素が水 1.50 L に接して平衡になっている．このとき，二酸化炭素を 306.54 mmol/L 溶解させるには何 Pa の圧力をかければよいか.

問題 5・10   ファントホッフの式が成り立つとして以下の問いに答えよ.

1) スクロース $C_{12}H_{22}O_{11}$ 10 g を水 800 g に溶かした水溶液（A 液）と，ある非電解質 10 g を水 800 g に溶かした水溶液（B 液）の浸透圧を比較したところ，B 液の浸透圧は A 液の浸透圧の 2 倍であった．B 液の非電解質の分子量を求めよ．ただし，A 液と B 液の体積は等しい.

2) 20 ℃ で尿素 CH_4N_2O（分子量 60）の飽和水溶液を調製し，この飽和水溶液 10 g をメスフラスコに移し，水で希釈して正確に 1.00 L に定容した．この希釈溶液の 20 ℃ における浸透圧は 2.11×10^5 Pa であった．希釈水溶液のモル濃度はいくらか．また，尿素の溶解度はいくらか.

問題 5・11   次の a〜g の語句を答えよ.

a. 森に朝日が差し込むと光の筋が見える現象を何というか.

b. a を起こしている部分を拡大して観察すると，コロイド粒子が不規則な運動をしているのが見える．この運動を何か.

c. コロイド溶液に電極を浸けて直流電圧をかけると，コロイド粒子はどちらかの極側に移動する．このような現象を何というか.

d.　一般に凝析が起こりやすいのは，異種の電荷をもつ何が大きいイオンか.

e.　水和しにくいコロイドを何というか.

f.　ゼラチンのコロイドのように凝析しないコロイドを何というか.

g.　多量の電解質を加えて分散質を沈殿させることを何というか.

6 化学変化と化学反応式

6・1 化学反応式，質量保存の法則

　炭素 C が酸素 O_2 と反応して，二酸化炭素 CO_2 を生じるように，ある物質が別の物質になる変化を**化学変化**または**化学反応**という．反応する物質を**反応物**，反応した結果できた物質を**生成物**という．化学式を使って化学反応を表した式を**化学反応式**または**反応式**という．

　化学反応式の書き方は，次のとおりである（図6・1）．

> 1) 反応物の化学式を左辺に，生成物の化学式を右辺に書き，その間を⟶ で結ぶ．
> 2) 両辺の原子の数が等しくなるように，それぞれの化学式の前の**係数**を合わせる．
> 3) 係数が最も簡単な整数になるようにする（係数が1の場合は省略する）．
> 4) 化学変化の前後で変化しなかった物質（溶媒や水や触媒など）は化学反応式には記載しない．

　このように，化学反応において，反応物の全質量と生成物の全質量が等しいことを**質量保存の法則**という．

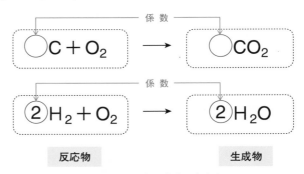

図 6・1　化学反応式の書き方

■ **例題 6・1**

1) 次の式の係数 a，b，c，d，e を簡単な整数で表せ．
$$aC_2H_6 + bO_2 \longrightarrow cCO_2 + dH_2O$$
2) 窒素と水素が反応するとアンモニアが生成する．これを化学反応式で表せ．

解答

1) 炭素，水素，酸素の数から連立方程式をたてると，次のように表せる．

$$2a = c$$
$$6a = 2d$$
$$2b = 2c + d$$

ここで，たとえば a=1 とすると，

$$a : b : c : d = 1 : 7/2 : 2 : 3$$

となるので，これを整数比になおすと，a=2, b=7, c=4, d=6 となる．

$$2C_2H_6 + 7O_2 \longrightarrow 4CO_2 + 6H_2O$$

2) 係数を a, b, c として化学反応式を書くと次のようになる．

$$aN_2 + bH_2 \longrightarrow cNH_3$$

窒素，水素の数から連立方程式をたてると，

$$2a = c$$
$$2b = 3c$$

a=1 とすると，a : b : c=1 : 3 : 2

簡単な整数比となったので，この数字が係数になる．

$$N_2 + 3H_2 \longrightarrow 2NH_3$$

6・2 化学反応式が表す量的関係

§6・1でも述べたが，化学反応式の係数の比は，各物質の構成粒子の数の比である．当然，物質量（mol）の比にも相当する．気体の場合には同温・同圧における体積比も表している．例を表6・1に示す．

表 6・1 エタノールの燃焼反応における量的関係

化学反応式	C_2H_5OH	+	$3O_2$	$\longrightarrow$	$2CO_2$	+	$3H_2O$
係　数	1		3		2		3
分子の数	1個		3個		2個		3個
物質量	1 mol		3 mol		2 mol		3 mol
質　量	1×46 g 46 g	+	3×32 g 96 g	=	2×44 g 88 g	+	3×18 g 54 g
気体の体積			$3O_2$ 22.4 L × 3		$2CO_2$ 22.4 L × 2		

質量保存の法則

■ **例題6・2**　下の表の (a)〜(g) を埋めよ.

化学反応式	2CO	+	O$_2$	⟶	2CO$_2$
係　数	2		1		(a)
分子数	2個		1個		2個
物質量	2 mol		(b)mol		2 mol
質　量	(c)g		32 g		(d)g
気体の体積	44.8 L		(e)L		44.8 L
気体の体積比	(f)		1		(g)

解 答　(a) 2, (b) 1, (c) 56, (d) 88, (e) 22.4, (f) 2, (g) 2

■ **例題6・3**　不純物を含む鉄8gを塩酸と反応させたところ, 鉄だけが反応して, 水素が0.1 mol発生した. この鉄の純度は何%か. ただし, 鉄の原子量を56とする.

$$Fe + 2HCl \longrightarrow H_2 + FeCl_2$$

解 答　Fe 1 mol から H$_2$ 1 mol 発生するので, 反応に関係した Fe は 0.1 mol である. よって, その質量は 56×0.1＝5.6 g なので, 純度は 5.6/8.0×100＝70 % となる.

■ **例題6・4**　標準状態で4.2 Lの水素と3.0 Lの酸素を密閉容器に入れて点火したところ, 生じた水はすべて液体となった. 未反応のまま残った気体は何か. 残った気体の量は標準状態で何Lか. また, 生じた水の質量は何gか.

解 答　化学反応式は以下のように表せる.

$$2H_2 + O_2 \longrightarrow 2H_2O$$

水素2 molと酸素1 molが反応するから, 水素4.2 Lは酸素2.1 Lと反応する. したがって, 酸素 3.0−2.1＝0.9 L が未反応で残る.

　次に, 生成する水の物質量は水素の物質量と同じであり, 標準状態では気体1 molは22.4 Lなので, 水の物質量は 4.2/22.4 mol となる. 水の分子量は18であるから, 生成する水の質量は 4.2/22.4×18＝3.375, すなわち 3.4 g となる.

6・3　食物栄養学分野で現れる化学反応式の例

　食品の製造・保存中はもちろん, 食物を消化吸収し各栄養素を代謝する過程でさまざまな化学反応が起こる. また, 食品成分の分析や品質管理のために化学反応を利用する場合もある. ここでは, いくつかの代表的な例を化学反応式で示す. 個々の反応の意味や詳細はそれぞれの分野で学んでほしい.

　それぞれの化学反応式の左辺と右辺で原子の種類と数が合っているかを確認してみよう.

6・3・1　加水分解反応の化学反応式の例

a. スクロース（二糖）の加水分解

$$C_{12}H_{22}O_{11} + H_2O \longrightarrow C_6H_{12}O_6 + C_6H_{12}O_6 \qquad (6・1)$$

スクロース　　　　　水　　　　　グルコース　　　フルクトース

有機化学を学んでいると以下のように記述できる．

スクロース　　　　　　　　　　水　　　　　グルコース　　　　　　フルクトース

> 　スクロース（ショ糖）は砂糖の主成分であり，生体内では小腸でスクラーゼによりグルコースとフルクトースに分解されて吸収される．実験的には希塩酸や希硫酸などの薄い酸により加水分解できる．また，スクロースと加水分解後のグルコース＋フルクトースでは旋光性*（化学構造上の性質）が変わることから，分解した糖は転化糖とよばれる．転化糖はショ糖より甘味が強く，吸湿性が高い．

*　旋光性については第3章 p.31 を参照．

b. デンプンの加水分解

$$(C_6H_{10}O_5)_n + (n-1)H_2O \longrightarrow nC_6H_{12}O_6 \qquad (6・2)$$

デンプン　　　　　　水　　　　　　　グルコース

正確に記述すると，

$$C_6H_{11}O_5(C_6H_{10}O_5)_{n-2}C_6H_{11}O_5 + (n-1)H_2O \longrightarrow nC_6H_{12}O_6 \qquad (6・2')$$

となる．ここで n が数百〜数万になるので，(6・2)式で近似できる．

　デンプンの一種であるアミロースの加水分解を模式的に書くと，

：グルコースもしくはグルコースの脱水したもの

のようになる．アミロース両端のグルコース残基（●）は $C_6H_{11}O_5$，アミロース内部の●は $C_6H_{10}O_5$，遊離したグルコース（模式図右の●）は $C_6H_{12}O_6$ で表される．

　デンプンは，光合成によりつくり出されるグルコースを基本単位とする多糖（グルカン）である．植物の貯蔵炭水化物としてイネやコムギの種子やイモなどに多量に含まれる．分子種としてはアミロースとアミロペクチンに分けられる[*1]．アミロースはグルコース同士がα-1,4結合で直鎖上につながったグルカンで，アミロペクチンはグルコースがα-1,4結合でつながった直鎖のところどころにα-1,6結合で枝分かれした部分をもつ．植物デンプンの主成分はアミロペクチンである．糊化デンプン（炊いた飯や焼いたパンの状態のデンプン）はヒトの消化酵素（アミラーゼ，マルターゼなど）で容易にグルコースに分解され，私たちの主要なエネルギー源となる．

c. 中性脂肪（トリアシルグリセロール）の加水分解

トリアシルグリセロール　　水　　グリセロール　脂肪酸1　脂肪酸2　脂肪酸3　　(6・3)

分子式の形で示すと，以下のようになる．

$$C_6H_5O_6RR'R'' + 3H_2O \longrightarrow$$
$$C_3H_8O_3 + CHO_2R + CHO_2R' + CHO_2R'' \qquad (6・3')$$
$$R,\ R',\ R'': 脂肪酸のアルキル基$$

　トリアシルグリセロール（TG）は，トリグリセリドともいい，中性脂肪の主要な成分である[*2]．3分子の脂肪酸がグリセロールの三つのヒドロキシ基とエステル結合したもので，脂肪酸の種類の違いにより多数の分子種がある．脂肪酸の炭素数は18や16のものが多く，きわめて疎水的なためTGは水には溶けない．食事中のTGは消化管内で胆汁酸により乳化された状態で膵液リパーゼにより加水分解され，吸収されたのち再合成される．再合成されたTGはタンパク質と複合体を形成してキロミクロンとなり体内各所に運搬される．組織中に蓄えられたTGは，細胞内のリパーゼにより加水分解され脂肪酸を遊離しエネルギー源として利用される．

d. ジペプチドの加水分解

分子式の形で示すと，以下のようになる．

$$C_4H_6O_3N_2RR' + H_2O \longrightarrow C_2H_4O_2NR + C_2H_4O_2NR' \qquad (6・4)$$

R，R′：アミノ酸の側鎖

ジペプチドは，一つのアミノ酸の α-カルボキシ基（-COOH）ともう一つの
アミノ酸の α-アミノ基（-NH$_2$）が脱水縮合してアミド（-CO-NH-）を形成
した化合物である（これをペプチド結合という）．数個程度までのアミノ酸が連
なったものをオリゴペプチド，それ以上に複数のアミノ酸がペプチド結合を介
して連なったものをポリペプチドという．タンパク質は，数十ないし数百もの
アミノ酸がペプチド結合で連なったポリペプチドである[*]．食物中のタンパク質
は，ペプチダーゼ（ペプチド結合をもつ化合物を加水分解する酵素の総称，胃
液のペプシン，膵液のトリプシン，キモトリプシン，ジペプチダーゼなど）に
より加水分解され，ペプチドやアミノ酸となり，おもにアミノ酸の形で吸収さ
れる．

[*] ペプチド結合とタンパ
ク質については §3・4・3
参照．

■ **例題 6・5**　38 g のスクロース $C_{12}H_{22}O_{11}$ を加水分解すると何 g のグルコース
$C_6H_{12}O_6$ と何 g のフルクトース $C_6H_{12}O_6$ ができるか．ただし，C，H，O の原子
量をそれぞれ 12，1，16 とする．

　解 答　各化合物の分子量を計算すると，スクロース $C_{12}H_{22}O_{11}=342$，グル
コース $C_6H_{12}O_6=180$，フルクトース $C_6H_{12}O_6=180$ となる．
(6・1)式より，

$$C_{12}H_{22}O_{11} + H_2O \longrightarrow C_6H_{12}O_6 + C_6H_{12}O_6$$

であるので，1 mol のスクロースから 1 mol のグルコースと 1 mol のフルクトー
スができる．38 g のスクロースから生成するグルコースとフルクトースを x g と
すると，

$$342 : 38 = 180 : x$$
$$x = 20$$

よって，20 g のグルコースと 20 g のフルクトースができる．

6・3・2　酸化還元反応の化学反応式の例

a. グルコースの酸化的分解（呼吸）

$$\underset{\text{グルコース}}{C_6H_{12}O_6} + \underset{\text{酸素}}{6O_2} \longrightarrow \underset{\text{二酸化炭素}}{6CO_2} + \underset{\text{水}}{6H_2O} \qquad (6・5)$$

b. 光合成（炭酸同化作用）

$$\underset{\text{二酸化炭素}}{6CO_2} + \underset{\text{水}}{6H_2O} \longrightarrow \underset{\text{グルコース}}{C_6H_{12}O_6} + \underset{\text{酸素}}{6O_2} \qquad (6・6)$$

　(6・5)式と(6・6)式は左右が逆になっているだけである．どちらの方向に反応
が進むかを考えることは，私たちがなぜ食べなければならないかを考えるうえで
本質的なことを教えてくれる．

　　動物が呼吸器に酸素を取入れ，二酸化炭素を排出する過程を外呼吸という．一方，生化学では細胞における酸素消費と二酸化炭素発生を伴う代謝を，内呼吸あるいは細胞呼吸という．酸素を使いグルコースを体内で酸化的に分解すること（解糖→TCA回路→電子伝達系；合わせると（6・5）式で表すことができ，酸素を消費し二酸化炭素を放出する代謝）は，ヒトを含め多くの生物の主要なエネルギー獲得過程である．一方，植物は光合成により太陽エネルギーを直接利用して，二酸化炭素からグルコースを合成できる．この過程を光合成といい，全体を通すと（6・6）式で表すことができる．（6・5）式では，グルコースが還元剤，酸素が酸化剤で，グルコースは酸素により酸化され二酸化炭素になり，酸素はグルコースにより還元され水になることが示されている．（6・6）式では二酸化炭素が酸化剤，水が還元剤で，二酸化炭素は水により還元されグルコースになり，水は二酸化炭素により酸化され酸素になることが示されている．（6・6）式に示すような反応は物理化学的な観点からは自発的に起こることはなく，エネルギーを投入しないと起こらない．植物は，太陽エネルギーを利用してこの反応を行っている．

c. エタノールの酸化的代謝

$$C_2H_6O \ +\ 3O_2 \ \longrightarrow\ 2CO_2 \ +\ 3H_2O \qquad (6・7)$$
エタノール[*1]　　酸素　　　　二酸化炭素　　　水

　　お酒を飲むと酔うが，これはエタノールのためである．体内に取込まれたエタノールは，アセトアルデヒド CH_3CHO に酸化され，ついで酢酸 CH_3COOH に酸化され，最終的には二酸化炭素と水になり，合わせると（6・7）式のようになる．アセトアルデヒドは毒性が強く，直ちに酢酸に代謝する必要がある．いわゆるお酒の強い人はこのアセトアルデヒドを速やかに代謝できる．しかし，エタノールの作用（酔い）は一般にお酒の強い人でも弱い人でも同じなので注意が必要である．

d. リノール酸の酸化

$$C_{18}H_{32}O_2 \ +\ O_2 \ \longrightarrow\ C_{18}H_{32}O_4 \qquad (6・8)$$
リノール酸[*2]　　酸素　　　リノール酸ヒドロペルオキシド

e. 不飽和脂肪酸の酸化

$$RH \ +\ O_2 \ \longrightarrow\ R\text{-}OOH \qquad (6・9)$$
不飽和脂肪酸　　酸素　　ヒドロペルオキシド

　　多価不飽和脂肪酸（リノール酸，リノレン酸など）は必須脂肪酸（ヒトが体内で合成できない脂肪酸）で体にいい油といわれている．一方で，多価不飽和脂肪酸は非常に酸化されやすく，有害成分に変化しやすい．不飽和脂肪酸に酸素が付加して（酸化されて）形成されるのがヒドロペルオキシド（過酸化物）であり，ヒドロペルオキシドは分解・重合してさまざまな物質に変化していく．過酸化物価（次項参照）やTBA価（チオバルビツール酸が過酸化物の分解生成物であるアルデヒド類と反応してできる赤色色素量により評価した値）は，脂質の主要な構成成分である脂肪酸の酸化の程度を表す指標となる．食品の酸化を防ぐためには脱気・密封を行ったり，抗酸化剤を添加したりする．生体ではビタミンCやビタミンEが抗酸化ビタミンとして働いている．

f. ヨウ素とチオ硫酸ナトリウムによる酸化還元反応の化学式

$$I_2 \ + \ 2Na_2S_2O_3 \ \longrightarrow \ 2NaI \ + \ Na_2S_4O_6 \qquad (6・10)$$
ヨウ素　　チオ硫酸ナトリウム　　　ヨウ化ナトリウム　　テトラチオン酸ナトリウム

> 過酸化物価（POV）は，油脂1kg中の過酸化物とヨウ化カリウムの反応によって遊離されるヨウ素量のミリ当量数（mEq./kg）と定義されており，このヨウ素量を求めるのに，チオ硫酸ナトリウムによる酸化還元反応が用いられる（図8・4参照）.
>
> 酸化還元の半反応式は，$I_2 + 2e^- \longrightarrow 2I^-$（8・21式）と，$2S_2O_3{}^{2-} \longrightarrow S_4O_6{}^{2-} + 2e^-$（8・7式）となり，1 mol の I_2 が 2 mol の $S_2O_3{}^{2-}$ により還元されて，2 mol の I^- になり，2 mol の $S_2O_3{}^{2-}$ は，1 mol の I_2 により酸化されて 1 mol の $S_4O_6{}^{2-}$ になる.

■ 例題6・6 ある油 500.0 g を室温に放置しておいたら酸化され，501.6 g になった．これがすべて不飽和脂肪酸の酸化によるものだとすると何 mol の酸素を吸収したことになるか．ただし，O の原子量を 16 とする.

　解 答 （6・9）式より，$RH + O_2 \longrightarrow R\text{-}OOH$ であるので，酸化された不飽和脂肪酸 1 mol の重量増加は酸素分子 1 mol 分の増加である．したがって，吸収された酸素の物質量は，増加重量を酸素の分子量で割れば求まる.

$$(501.6 - 500.0) \div (16 \times 2) = 0.05$$

よって，0.05 mol の酸素を吸収した.

6・3・3 付加反応の化学反応式の例

a. リノール酸の水素添加

$$C_{18}H_{32}O_2 \ + \ 2H_2 \ \longrightarrow \ C_{18}H_{36}O_2 \qquad (6・11)$$
リノール酸　　　水素　　　　ステアリン酸

カルボン酸であることを明示して書くと，

$$C_{17}H_{31}COOH + 2H_2 \longrightarrow C_{17}H_{35}COOH \qquad (6・11')$$

■ 例題6・7 リノール酸 1 mol を水素添加により完全にステアリン酸にするには，標準状態で何 L の水素ガスが必要か.

　解 答 （6・11)式もしくは(6・11')式に示すように，リノール酸 1 mol を完全に水素添加させるには 2 mol の水素ガスが必要になる．標準状態では 1 mol の気体は 22.4 L になるので，

$$22.4 \times 2 = 44.8$$

よって，44.8 L の水素ガスが必要である.

6・3・4 発酵の化学反応式の例

a. 酵母によるアルコール発酵

$$C_6H_{12}O_6 \longrightarrow 2C_2H_6O \ + \ 2CO_2 \qquad (6・12)$$
グルコース　　　エタノール　　二酸化炭素

構造式で書くと，以下のようになる．

$$\text{グルコース} \longrightarrow 2\,CH_3-CH_2-OH \;+\; 2CO_2$$

エタノール　　二酸化炭素

> エタノールは酒の主成分である．ブドウを発酵させるとワインに，米を発酵させると日本酒に，麦芽（大麦を発芽させ乾燥したもの）を発酵させるとビールになる．酵母（*Saccharomyces cerevisiae*）はグルコースやスクロースを代謝してエタノールに変換できるが，デンプンをエタノールに変換できない．デンプンからグルコースなどの発酵性の糖に分解する過程を糖化といい，日本酒ではコウジカビ（*Aspergillus oryzae*）というカビの酵素が，ビールでは麦芽の酵素が糖化の役割を果たしている．

■ **例題 6・8**　10 g/100 mL のグルコースを含む果汁をアルコール発酵させると，理論的には最大何 g/100 mL のエタノールが生成するか．ただし，C, H, O の原子量をそれぞれ 12, 1, 16 とする．

解答　グルコース $C_6H_{12}O_6$ の分子量は 180，エタノール C_2H_6O の分子量は 46 である．アルコール発酵は (6・12) 式に従って進むので，グルコースがすべてエタノールに変換されたとすると，グルコース 1 mol から，エタノール 2 mol が生じる．10 g/100 mL のグルコース溶液をモル濃度で表すと，

$$\frac{10\,\text{g}}{100\,\text{mL}} \div 180\,\text{g/mol} \times \frac{1000\,\text{mL}}{1\,\text{L}} = \frac{100}{180}\,\text{mol/L}$$

エタノール溶液はこの 2 倍量生じるため，g/100 mL の単位に変換すると，

$$\frac{100}{180}\,\text{mol/L} \times 2 \times 46\,\text{g/mol} \times \frac{100}{1000} = 5.111\cdots\,\text{g/100 mL}$$

よって，約 5.1 g/100 mL のエタノールが生成する．

b. 乳酸菌による乳酸発酵

$$C_6H_{12}O_6 \longrightarrow 2C_3H_6O_3 \qquad\qquad (6・13)$$

グルコース　　　　　　乳酸

構造式で書くと，以下のようになる．

$$\text{グルコース} \longrightarrow 2 \times \underset{\text{乳酸}}{H-\overset{CH_3}{\underset{COOH}{C}}-OH}$$

> 乳酸菌はグルコースやラクトースなどの糖類を発酵し，多量の乳酸を生成する細菌で，ヨーグルト，チーズ，漬物などの製造に使われる．乳酸菌という名称は生物学的分類上の名前ではなく，その性状に対してつけられたものである．乳酸菌とは，グラム染色（細菌の主要な染色法で，細胞壁構造の違いにより陽

性菌と陰性菌に大別できる）で陽性となり，消費グルコースの50％以上を乳酸に変換する（運動性を示さない，芽胞をつくらない，カタラーゼをもたない）細菌と定義されている．(6・13)式で表されるものをホモ乳酸発酵という．乳酸菌によっては $C_6H_{12}O_6$（グルコース）$\longrightarrow C_3H_6O_3$（乳酸）$+ C_2H_6O$（エタノール）$+ CO_2$ のように1 mol の乳酸と1 mol のエタノールに発酵させるものもおり，この発酵形式はヘテロ乳酸発酵という．形状からは乳酸桿菌（*Lactobacillus* 属など）と乳酸球菌（*Lactococcus* 属，*Streptococcus* 属など）に分けられる．

c. グルタミン酸生産菌によるグルタミン酸発酵

$$2C_6H_{12}O_6 + 2NH_3 + 3O_2 \longrightarrow 2C_5H_9O_4N + 2CO_2 + 6H_2O \qquad (6・14)$$
グルコース　アンモニア　酸素　　　　　グルタミン酸　二酸化炭素　　水

構造式で示すと，以下のようになる．

グルコース　　　　アンモニア　酸素　　　　　　グルタミン酸　　　二酸化炭素　　水

　1908年に昆布だしの研究から，世界で最初のうま味物質としてグルタミン酸の塩（グルタミン酸ナトリウム）が池田菊苗により見いだされた．1956年に多数の微生物を用いた探索研究により，グルコースとアンモニウム塩から多量のグルタミン酸を生産するグルタミン酸生産菌（*Corynebacterium glutamicum*）が木下祝郎らにより発見された．これらの研究は，食品のおいしさの探究や工業的アミノ酸発酵のめざましい発展につながっている．

■ **例題6・9**　グルタミン酸発酵において，理論上1 mol のグルコースから何 mol のグルタミン酸が生成されるか．
　解 答　(6・14)式よりグルコースとグルタミン酸の係数が同じなので，グルコース1 mol から1 mol のグルタミン酸が生成される．

6・3・5　転移反応の化学反応式の例
a. ピルビン酸からのアラニンの生合成

ピルビン酸　　　　　グルタミン酸　　　　　　アラニン　　　　　2-オキソグルタル酸

　化合物中のある官能基（原子団）を別の化合物に移させる酵素を転移酵素（トランスフェラーゼ）といい，この酵素反応を転移という．この例ではグルタミン酸のアミノ基がピルビン酸に転移してアラニンが形成され，グルタミン酸は

アミノ基を失い 2-オキソグルタル酸となっている. 臨床検査で測定される ALT（アラニンアミノトランスフェラーゼ）もしくは GPT（グルタミン酸-ピルビン酸トランスアミナーゼ）はこの反応を触媒する酵素で, 肝臓に特異的に多く存在している. この酵素が血液中に異常な高値で存在する場合は, 肝臓に何かしらの障害が生じている可能性が考えられる.

■ **例題 6・10**　ピルビン酸 $C_3H_4O_3$ とグルタミン酸 $C_5H_9O_4N$ を基質として ALT という酵素を働かせると, アラニン $C_3H_7O_2N$ と 2-オキソグルタル酸（A）が生成する. この反応を, 分子式を用いて記述すると,

$$C_3H_4O_3 + C_5H_9O_4N \longrightarrow C_3H_7O_2N + A$$

となるとき, A を分子式で示せ.

解　答　化学反応式の左辺と右辺では, 元素の種類と数は同じになる.
　左辺を足すと, $C_3H_4O_3 + C_5H_9O_4N = C_8H_{13}O_7N$ であり, 右辺は $C_3H_7O_2N + A$ なので,

$$A = C_8H_{13}O_7N - C_3H_7O_2N = C_5H_6O_5$$

よって, A の分子式は $C_5H_6O_5$ となる.

■ 章 末 問 題

• 以下の問題では, 各元素の原子量を次のとおりとする. C: 12.0, H: 1.0, O: 16.0, N: 14.0.

問題 6・1　次の式の係数 a, b, c, d, e を簡単な整数で表せ.

1) $aAl + bO_2 \longrightarrow cAl_2O_3$

2) $aNH_3 + bO_2 \longrightarrow cNO + dH_2O$

3) $aCa + bH_2O \longrightarrow cCa(OH)_2 + dH_2$

4) $aZn + bHCl \longrightarrow cZnCl_2 + dH_2$

5) $aH_3PO_4 + bCa(OH)_2 \longrightarrow cH_2O + dCa_3(PO_4)_2$

6) $aFe_2O_3 + bHCl \longrightarrow cFeCl_3 + dH_2O$

7) $aAl + bH_2SO_4 \longrightarrow cH_2 + dAl_2(SO_4)_3$

8) $aNH_4Cl + bCa(OH)_2 \longrightarrow cCaCl_2 + dH_2O + eNH_3$

9) $aH_2S + bSO_2 \longrightarrow cS + dH_2O$

10) $aAl^{3+} + bOH^- \longrightarrow cAl(OH)_3$

11) $aAg^+ + bCu \longrightarrow cAg + dCu^{2+}$

12) $aCu^+ + bAl \longrightarrow cCu + dAl^{3+}$

13) $aCl^- \longrightarrow bCl_2 + ce^-$

14) $aH_2O \longrightarrow bO_2 + cH^+ + de^-$

15) $aO_2 \longrightarrow bO_3$

16) $aCa(OH)_2 + bCO_2 \longrightarrow cCaCO_3 + dH_2O$

17) $aPb^{2+} + bCl^- \longrightarrow cPbCl_2 \downarrow$

18) $aZn + bH^+ \longrightarrow cZn^{2+} + dH_2 \uparrow$

問題 6・2　次の各変化を化学反応式で書け.

1) 一酸化炭素を燃焼させると二酸化炭素が生成した.

2) エタノール C_2H_5OH が完全燃焼した.

3）水を電気分解すると水素と酸素が生じた.

問題6・3　アンモニアが生成する反応において，アンモニアが20.4 g生成したとき，次の（a）〜（h）にあてはまる数値を入れよ.

	N_2	+	$3H_2$	$\longrightarrow$	$2NH_3$
物質量	（ a ）mol		（ b ）mol		（ c ）mol
質　量	（ d ）g		（ e ）g		20.4 g
体　積	（ f ）L		（ g ）L		（ h ）L

問題6・4　黒鉛（炭素のみからなる物質）6.00 gを完全燃焼させたところ，二酸化炭素 CO_2 が生じた. 次の問いに答えよ.

a）この反応の反応式を示せ.

b）6.00 gの炭素は何 molか.

c）6.00 gの炭素と反応する酸素は何 molか.

d）6.00 gの炭素と反応する酸素は何 gか.

e）6.00 gの炭素が完全燃焼すると生じる二酸化炭素は何 gか.

f）6.00 gの炭素が完全燃焼すると生じる二酸化炭素は標準状態で何 Lか（標準状態は 0 ℃，1 atmの状態をいう）.

問題6・5　標準状態でエタン C_2H_6 3.00 gと酸素 O_2 11.2 Lを混合し，エタンを燃焼させた. 次の問いに答えよ（標準状態は 0 ℃，1 atmの状態をいう）.

a）発生する二酸化炭素 CO_2 の体積は，標準状態で何 Lか.

b）反応しないで残る気体は何か.

c）b）で残った気体の質量は何 gか.

問題6・6　マグネシウム 7.20 gと標準状態で 5.60 Lの酸素を反応させると，強い光を出して燃焼し，酸化マグネシウムができる. Mgの原子量を 24.0として，次の問いに答えよ.

a）生成する MgOの質量は何 gか.

b）反応しないで残る物質は何か. また何 gか.

問題6・7　360 gのグルコースが呼吸により完全に酸化分解されたとすると何 gの水が生じるか.

問題6・8　デンプンを30 %含む 450 gの食事を食べたとする. デンプンが完全に消化吸収され，その後，酸化的に分解されたとすると，このデンプンから二酸化炭素は何 g生じるか. また，この二酸化炭素は標準状態では何 Lの気体になるか.

問題6・9　44.0 gのラクトース（グルコース $C_6H_{12}O_6$ とガラクトース $C_6H_{12}O_6$ からなる二糖で，分子式は $C_{12}H_{22}O_{11}$）を含む牛乳を乳酸発酵させたところ，7.0 gの乳酸 $C_3H_6O_3$ が生成した. 何%のラクトースが乳酸に変換されたか. ただし，ラクトースがグルコースとガラクトースに加水分解される過程は（6・1）式のスクロースをラクトースに，フルクトースをガラクトースに置き換えて同様に考えられるものとする. またガラクトースからも乳酸は生成し，グルコースとガラクトースから乳酸が生成する過程は（6・13）式で同様に置き換えて考えられるものとする.

問題6・10　（6・10）式で示したヨウ素とチオ硫酸ナトリウムの酸化還元反応に関して答えよ.

1）ヨウ素分子 2 molを完全にヨウ化ナトリウムにするには何 molのチオ硫酸ナトリウムが必要か.

2）ヨウ素分子を含む溶液 20 mLを 0.1 mol/Lのチオ硫酸ナトリウム（$Na_2S_2O_3$）溶液で酸化還元滴定したところ，15.20 mLを要した. この溶液にヨウ素分子は何 mmol含まれているか.

7 酸と塩基の反応

■ 7・1 酸とは, 塩基とは

レモンやオレンジなどの柑橘類に含まれるクエン酸や食酢に含まれる酢酸は, 口の中で酸味を与える原因物質である. **酸**はリトマスという染料を塗布したリトマス試験紙を青色から赤色に変える性質 (**酸性**) をもつ. 一方, 酸の性質を弱める作用をもつ物質を**塩基**といい, 植物を燃やした後の灰を入れた水の上澄みや石灰, 重曹が塩基に相当する. 塩基は苦味をもつものが多く, 手で触れるとぬるぬるとした感触が残る. また, リトマス試験紙の色を赤から青に変える性質をもつ. 水に溶けやすい無機の塩基を**アルカリ**とよび, その性質を**塩基性** (**アルカリ性**) という.

S. Arrhenius (1859〜1927年)

酸と塩基に関する狭義の定義は, **アレニウス**による定義で, "水溶液中で水素イオン H^+ を出す物質が酸, 水溶液中で水酸化物イオン OH^- を出す物質が塩基" というものである. アレニウスの定義によれば, 酸 HA と塩基 BOH はそれぞれ水溶液中で,

$$HA \longrightarrow H^+ + A^- \tag{7・1}$$

$$BOH \longrightarrow B^+ + OH^- \tag{7・2}$$

* アンモニア NH_3 は水溶液中で次ページの(7・6)式のように OH^- を生じるため, 塩基とみなされる.

のように電離し, H^+ と OH^- を生じる*. そして, 酸と塩基が互いの性質を弱めるのは, H^+ と OH^- が反応して水を生成する過程であり, これを**中和**という.

$$H^+ + OH^- \longrightarrow H_2O \tag{7・3}$$

たとえば, 塩化水素(気体)は水に溶かすと $HCl \longrightarrow H^+ + Cl^-$ のように電離して塩酸になる. 硫酸の場合は $H_2SO_4 \longrightarrow 2H^+ + SO_4^{2-}$ である. 水酸化ナトリウム, 水酸化カルシウムはそれぞれ水溶液中で $NaOH \longrightarrow Na^+ + OH^-$, $Ca(OH)_2$ $\longrightarrow Ca^{2+} + 2OH^-$ のように電離する. H^+ または OH^- を1個生じるものを1価の酸または塩基といい, 2個生じるものを2価の酸または塩基という.

J. Brønsted(1879〜1947年)
M. Lowry (1874〜1936年)

次に, **ブレンステッド**と**ローリー**による定義では, "H^+ を放出する物質を酸, H^+ を受取る物質を塩基" とされており, 有機溶媒中の反応や溶媒の存在しない反応にもあてはめることができる. この定義に従うと, 溶液中の酸と塩基は互い

に H$^+$の授受を行うことでその性質を示すことができるため，(7・4)式に示すように H$^+$を授受する前後で共役的な関係になる.

$$\text{HA} + \text{B} \rightleftarrows \text{A}^- + \text{BH}^+ \qquad (7・4)$$
$$\text{酸} \quad \text{塩基} \quad \text{塩基} \quad \text{酸}$$
共役の関係　　共役の関係

A$^-$を酸 HA の**共役塩基**，BH$^+$を塩基 B の**共役酸**という．逆に HA を塩基 A$^-$の共役酸，B を酸 BH$^+$の共役塩基といってもよい.

たとえば，塩化水素，アンモニアをそれぞれ水に溶解したときには，

$$\text{HCl} + \text{H}_2\text{O} \rightleftarrows \text{Cl}^- + \text{H}_3\text{O}^+ \qquad (7・5)$$
$$\text{酸} \quad \text{塩基} \quad \text{塩基} \quad \text{酸}$$

$$\text{NH}_3 + \text{H}_2\text{O} \rightleftarrows \text{NH}_4{}^+ + \text{OH}^- \qquad (7・6)$$
$$\text{塩基} \quad \text{酸} \quad \text{酸} \quad \text{塩基}$$

となる．H$_3$O$^+$は**オキソニウムイオン**とよばれ，(7・5)式の両辺から水を省略すると H$^+$で表すことができる．(7・5)式，(7・6)式にあるとおり，水は酸が相手になると塩基として働き，塩基が相手になると酸として働くことができる**両性物質**である.

さらに広義な定義として，**ルイス**による酸塩基の定義がある．これは，"電子対の受容体（受取る物質）を酸，電子対の供与体（与える物質）を塩基"とされ，水溶液に限らず広範囲に拡張できるようになっている．

G. Lewis（1875～1946 年）

非共有電子対
$$\text{A} + \text{:B} \rightleftarrows \text{A:B} \qquad (7・7)$$
$$\text{酸} \quad \text{塩基}$$

■ 7・2 水素イオン濃度と pH

水の解離を調べるために，純水の電気伝導率から H$^+$と OH$^-$の濃度を求めると，25 °C のとき，

$$[\text{H}^+] = [\text{OH}^-] = 1.0 \times 10^{-7}\,\text{mol/L}$$

であることがわかっている．そこに酸が溶け込むと[H$^+$]が増加し，反対に塩基が溶け込んで OH$^-$が生じると，(7・3)式により[H$^+$]が減少する．このことから，溶液の酸性，塩基性の強さを**水素イオン指数（pH）**で表すことがセーレンセンによって提案された．この場合，pH は以下の式で定義される．

S. Sørensen（1868～1939 年）

$$\text{pH} = -\log_{10}[\text{H}^+] \qquad (7・8)$$

純水であれば pH＝7 になるため，これを**中性**とし，pH＜7 で**酸性**，pH＞7 で**塩基性**になる．pH と[H$^+$]の関係および身近な物質の pH を表 7・1 に示す．[H$^+$]が 10 倍変化すると，pH の値は 1 変化する．

　水 1 L 中に含まれる水分子は 1000 g/(18 g/mol)＝55.6 mol にもなるので，水の電離はごくごくわずかであり，水の濃度はほぼ一定とみなせる．また，電離した H^+ と OH^- の濃度の積 $[H^+] \times [OH^-]$ は温度によって一定の値をとり，これは**水のイオン積 K_w** とよばれる．25 ℃ では，$K_w＝[H^+] \times [OH^-]＝1.0 \times 10^{-14}$ (mol/L)^2 を示す．

　たとえば，$[H^+]＝1.0 \times 10^{-3}$ mol/L のとき，すなわち pH＝3 の酸性溶液では $[OH^-]＝1.0 \times 10^{-11}$ mol/L であり，$[OH^-]＝1.0 \times 10^{-4}$ mol/L のときは，$[H^+]＝1.0 \times 10^{-10}$ mol/L で pH＝10 の塩基性溶液となる．(7・8)式にならって，

$$pOH ＝ -\log_{10}[OH^-]$$

とおくと，pH＋pOH＝14 という関係が成り立つ．

　水にきわめて微量の酸や塩基が加わったときには水の電離が無視できず，水による緩衝力（pH の変動を抑える作用）が働く．

表 7・1　pH と $[H^+]$ の関係

	$[H^+]$	pH	例
酸　性	1.00	0	塩酸 HCl（1 M）
	1.00×10^{-1}	1	胃　酸
	1.00×10^{-2}	2	レモンジュース
	1.00×10^{-3}	3	酢，リンゴ
	1.00×10^{-4}	4	炭酸水，ビール
	1.00×10^{-5}	5	雨　水
	1.00×10^{-6}	6	牛　乳
中　性	1.00×10^{-7}	7	純　水
塩基性	1.00×10^{-8}	8	卵の白身
	1.00×10^{-9}	9	重曹の水溶液
	1.00×10^{-10}	10	マグネシア乳
	1.00×10^{-11}	11	アンモニア
	1.00×10^{-12}	12	石灰岩の懸濁液
	1.00×10^{-13}	13	パイプ詰まり用洗剤
	1.00×10^{-14}	14	水酸化ナトリウム NaOH（1 M）

■ **例題 7・1**　水素イオン濃度，または水酸化物イオン濃度が次のような値になっている水溶液の pH を求めよ．ただし，$\log_{10} 2＝0.301$ とする．

1) $[H^+]＝1.0 \times 10^{-5}$ mol/L
2) $[H^+]＝1.0 \times 10^{-4}$ mol/L
3) $[H^+]＝2.0 \times 10^{-3}$ mol/L
4) $[OH^-]＝1.0 \times 10^{-4}$ mol/L
5) $[OH^-]＝2.0 \times 10^{-3}$ mol/L

解　答

1) pH 5
2) pH 4
3) pH＝$-\log_{10}(2.0 \times 10^{-3})＝-\log_{10} 2.0＋3＝2.70$
4) pOH＝4，pH＋pOH＝14 なので pH 10
5) pOH＝2.70，pH＋pOH＝14 なので pH 11.30

1.0×10⁻⁷ mol/L の希薄濃度の塩酸は pH が 7 で中性なのか？

きわめて濃度の低い塩酸の場合は，水の電離が無視できなくなり，水の電離から生じる $[H^+]=[OH^-]=x$ mol/L と塩酸から生成する $[H^+]=1.0×10^{-7}$ mol/L の両方で pH が決まる．

水のイオン積より，

$$K_w = (x+1.0×10^{-7})x = 1.0×10^{-14}\,(mol/L)^2$$

$$x_2 + (1×10^{-7})x - 1×10^{-14} = 0$$

$$x = \frac{-(1×10^{-7}) + \sqrt{(1×10^{-7})^2 + 4×10^{-14}}}{2}$$

$$x = \frac{(-1+\sqrt{5})×10^{-7}}{2}$$

したがって，

$$[H^+] = x + 1×10^{-7} = \frac{(1+\sqrt{5})×10^{-7}}{2}$$

よって，この希薄塩酸の pH は（7・8）式より，

$$pH = -\log_{10}\left(\frac{1+\sqrt{5}}{2}\right) + 7 = 6.79$$

このように，pH<7 になり，わずかに弱酸性を示すことがわかる．

7・3　酸・塩基の強弱と解離定数

酸・塩基には強弱がある．塩酸は $HCl \longrightarrow H^+ + Cl^-$，水酸化ナトリウムは $NaOH \longrightarrow Na^+ + OH^-$ の電離がほぼ 100 ％進むが，酢酸やアンモニアの電離は可逆反応で 100 ％の電離は起こらない．

$$CH_3COOH \rightleftharpoons CH_3COO^- + H^+$$

$$NH_3 + H_2O \rightleftharpoons NH_4^+ + OH^-$$

どのくらい電離するかを表す指標として**電離度**α を用いる．

$$電離度\,\alpha = \frac{電離している電解質の物質量}{電離前の電解質の物質量}$$

ほぼ 100 ％電離する場合は $\alpha \fallingdotseq 1$，あまり電離しない場合は $0<\alpha<1$ になる．水溶液中の酸・塩基物質のモル濃度が同じでも，電離度の大きい物質から発生するイオンの濃度が高くなるため，電離度が大きく 1 に近いものを**強酸**または**強塩基**とよび，電離度が小さいものは**弱酸**または**弱塩基**とよぶ．

弱酸・弱塩基の電離は可逆反応であるため，電離前の初濃度を C_0，電離度 α とすると，電離平衡定数（**解離定数**）K は以下のように表すことができる．

<弱酸 HA> 　　　　　　　　HA　　$\rightleftharpoons$　　H^+　$+$　A^-

電離前　　　C_0　　　　　　　—　　　　—

電離後　　$C_0(1-\alpha)$　　　$C_0\alpha$　　　$C_0\alpha$

酸解離定数 $K_a = \dfrac{[H^+][A^-]}{[HA]} = \dfrac{C_0\alpha^2}{(1-\alpha)}$ 　　　　　（7・9）

酸解離指数を $pK_a = -\log_{10} K_a$ と定義すると，$(7 \cdot 9)$ 式から電離度の小さい弱酸ほど K_a が小さく pK_a の値は大きくなることがわかる．また，$\alpha \ll 1$ のとき，$K_a \fallingdotseq C_0 \alpha^2$ となり，$(K_a$ は一定なので）希薄水溶液ほど弱酸 HA の α は大きくなる．

<弱塩基 B>

$$B + H_2O \rightleftarrows HB^+ + OH^-$$

電離前	C_0	—	—
電離後	$C_0(1-\alpha)$	$C_0\alpha$	$C_0\alpha$

塩基解離定数　$K_b = \dfrac{[HB^+][OH^-]}{[B]} = \dfrac{C_0\alpha^2}{(1-\alpha)}$ $\qquad(7 \cdot 10)$

■ 例題 7・2　弱酸の水溶液の pH について求め方を説明せよ．

解　答　$pH = -\log_{10}[H^+] = -\log_{10} C_0\alpha$ と表すことができる．

$\alpha \ll 1$ のとき，$K_a \fallingdotseq C_0\alpha^2$ とみなすと $C_0\alpha = (K_a C_0)^{\frac{1}{2}}$ となり，これを上式に代入して，

$$pH = -\log_{10}(K_a C_0)^{\frac{1}{2}}$$
$$= -\frac{1}{2}\log_{10} K_a C_0 = \frac{1}{2}(pK_a - \log_{10} C_0)$$

から求める．

別　解　弱酸の解離を $HA \rightleftarrows H^+ + A^-$ とすると，解離定数 $K_a = [H^+][A^-]/[HA]$ であり，両辺の対数をとると，$\log_{10} K_a = \log([H^+][A^-]/[HA])$ となる．$[H^+] = [A^-]$ なので，

$$\log_{10} K_a = -2pH - \log_{10}[HA]$$

ここで，弱酸の解離が非常に小さい $(\alpha \ll 1)$ とすると，$[HA] = C_0$ なので

$$pH = \frac{1}{2}(pK_a - \log_{10} C_0)$$

■ 7・4　中和滴定

中和反応 $(7 \cdot 3$ 式）を利用して酸または塩基の量を測定することを**中和滴定**という．

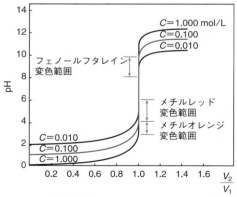

図 7・1　強酸と強塩基の滴定曲線　C: 1 価の強酸と 1 価の強塩基の溶液のモル濃度，V_1: 酸溶液の液量，V_2: 塩基溶液の液量

　1価の酸と1価の塩基の反応では1:1で過不足なく中和が起こり（7・11式），塩 AB が生成する．

$$HA + BOH \longrightarrow AB + H_2O \qquad (7 \cdot 11)$$

1価の酸と2価の塩基では2:1の量比で（7・12式），2価の酸と1価の塩基では1:2の量比で（7・13式），それぞれ中和反応が起こる．

$$2HA + B(OH)_2 \longrightarrow A_2B + 2H_2O \qquad (7 \cdot 12)$$

$$H_2A + 2BOH \longrightarrow AB_2 + 2H_2O \qquad (7 \cdot 13)$$

酸に標準塩基溶液を滴加したときの pH の値と滴加量の関係を調べた図を**滴定曲線**といい，過不足なく中和反応が起こった点（**中和点**）付近では pH の大きな変化が観察される（pH ジャンプまたは pH 飛躍，図7・1）．

　強酸と強塩基の中和点は pH 7付近になるが，弱酸と強塩基の中和点では，生成塩が溶解して電離平衡に到達したときに OH^- を生じるため，pH は塩基性側に寄る．強酸と弱塩基の中和点では逆に pH が酸性側に寄る．

　例: 酢酸と水酸化ナトリウム

$$CH_3COONa \longrightarrow CH_3COO^- + Na^+$$

$$CH_3COO^- + H_2O \rightleftharpoons CH_3COOH + OH^-$$

　例: 塩酸とアンモニア

$$NH_4Cl \longrightarrow NH_4^+ + Cl^-$$

$$NH_4^+ + H_2O \rightleftharpoons NH_3 + H_3O^+$$

(a) フェノールフタレイン

(b) メチルオレンジ

(c) 指示薬の変色域

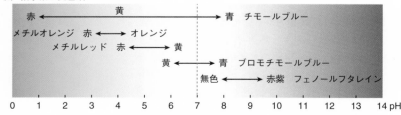

図 7・2　代表的な pH 指示薬の構造と変色域　In は指示薬（indicator）を表し，解離する水素イオンの数により H_2In や HIn^- などのように表す．

　中和点に到達するまでに滴加した標準溶液の濃度と量から，中和前の酸の量を求めることができる．n 価の酸 $C_a(\mathrm{mol/L})$，$V_a(\mathrm{mL})$ を中和するのに必要な n' 価の塩基 $C_b(\mathrm{mol/L})$ の滴加量 $V_b(\mathrm{mL})$ の間には，

$$n \times C_a \times V_a = n' \times C_b \times V_b$$

という関係が成り立つ．実際の中和滴定では，pH 指示薬を用いて pH の急激な変化を確認することが多い．pH 指示薬の成分は，周囲の水素イオン濃度に応じて分子中の H を H^+ として解離したり，受容して非解離型の構造をとることで色が変化する物質であり，種類によって変色する pH 領域（変色域）が異なる（図 7・2）．

7・5　緩衝液と緩衝作用

　純水に酸や塩基を加えると大きく pH が変化する．一方，酸や塩基を加えても pH が容易に変化しない性質をもつ水溶液を**緩衝液**という．緩衝液は，弱酸とその共役塩基との混合液，または弱塩基とその共役酸との混合液からなる．弱酸または弱塩基の解離定数がわかると緩衝液が緩衝作用を発揮しうる pH 範囲がわかる．たとえば，弱酸 HA の緩衝作用について説明してみよう．

$$\mathrm{HA} \rightleftharpoons \mathrm{H^+} + \mathrm{A^-} \tag{7・14}$$

の場合，（7・9）式から，

$$[\mathrm{H^+}] = K_a \times \frac{[\mathrm{HA}]}{[\mathrm{A^-}]}$$

pH の定義（7・8式）から，

$$\mathrm{pH} = \mathrm{p}K_a + \log_{10} \frac{[\mathrm{A^-}]}{[\mathrm{HA}]} \tag{7・15}$$

弱酸 HA に強塩基の水酸化ナトリウム水溶液を少しずつ混合していくと，弱酸のナトリウム塩が生じるとともに，中和反応によって減少した H^+ を補うように（7・14）式の反応は右向きに偏っていく．そのうち，$[\mathrm{HA}] \fallingdotseq [\mathrm{A^-}]$ の状態に到達すると，（7・15）式 [これを**ヘンダーソン・ハッセルバルヒの式**という] で示されるように，pH は $\mathrm{p}K_a$ 付近から変化しにくくなる．つまり，$[\mathrm{HA}] \fallingdotseq [\mathrm{A^-}]$ の間は多少の酸や塩基が加わっても容易に pH が変化しない緩衝液として，一定の pH 条件を必要とする化学反応に用いることができる．

> ■ **例題 7・3**　0.1 M の酢酸と 0.1 M の酢酸ナトリウムからなる緩衝液の pH を求めよ．ただし，酢酸の $\mathrm{p}K_a = 4.75$ とする．
>
> 　**解　答**　この緩衝液中で酢酸の電離平衡は，
>
> $$\mathrm{CH_3COOH} \rightleftharpoons \mathrm{CH_3COO^-} + \mathrm{H^+} \tag{1}$$
>
> 酢酸ナトリウムは完全に電離するので，
>
> $$\mathrm{CH_3COONa} \longrightarrow \mathrm{CH_3COO^-} + \mathrm{Na^+}$$
>
> ここで生じる $\mathrm{CH_3COO^-}$ により(1)式の平衡はさらに左へ移動し，酢酸の電離は

ほぼ無視してよい.
　したがって,

$$[CH_3COOH] \fallingdotseq 0.1\ mol/L\ （もとの酢酸の濃度）$$
$$[CH_3COO^-] \fallingdotseq 0.1\ mol/L\ （もとの酢酸ナトリウムの濃度）$$

混合溶液中でも酢酸の電離平衡は成立しているため,（1）式より解離定数は,

$$K_a = \frac{[CH_3COO^-][H^+]}{[CH_3COOH]}$$

となる. 両辺の対数をとり,

$$\log_{10} K_a = \log_{10}[CH_3COO^-] + \log_{10}[H^+] - \log_{10}[CH_3COOH]$$
$$-pK_a = \log_{10}[CH_3COO^-] - pH - \log_{10}[CH_3COOH]$$

ここで$[CH_3COOH]=0.1$, $[CH_3COO^-]=0.1$, $pK_a=4.75$より,

$$-4.75 = -pH + \log\frac{0.1}{0.1}$$
$$pH = 4.75$$

　生化学実験などによく利用される**リン酸緩衝液**を構成するリン酸は,次のように三段階の電離から3種類の共役塩基を生成する**多塩基酸**である. 多塩基酸が電離するときには,まず1個のH^+を生じる場合を一段階目の解離,2個目のH^+を生じる場合を二段階目の解離という.

$$H_3PO_4 \rightleftharpoons H_2PO_4^- + H^+ \qquad （一段階目の解離）$$
$$H_2PO_4^- \rightleftharpoons HPO_4^{2-} + H^+ \qquad （二段階目の解離）$$
$$HPO_4^{2-} \rightleftharpoons PO_4^{3-} + H^+ \qquad （三段階目の解離）$$

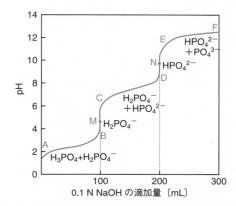

図 7・3　0.1 mol/L H_3PO_4 溶液 100 mL の滴定曲線　滴定開始点 A からリン酸水溶液に NaOH 水溶液を添加し続けていくと, NaOH+H_3PO_4 ⟶ NaH_2PO_4+H_2O という中和反応が起こる. pK_{a1} 付近の pH では緩衝作用が働き, B まで pH は緩やかに上昇するが,この反応が過不足なく起こると第一中和点 M を迎え, pH が急激に上昇する. 次に NaOH+NaH_2PO_4 ⟶ Na_2HPO_4 +H_2O という中和反応が起こり, pK_{a2} 付近の pH で緩衝作用が働き, C から D まで pH は緩やかに上昇する. この反応も過不足なく起こると第二中和点 N を迎える. E から F までは NaOH+Na_2HPO_4 ⟶ Na_3PO_4+H_2O という中和反応が起こり, pK_{a3} 付近の pH でも緩衝作用を示す.

　リン酸は三つの K_a 値をもち,滴定曲線は二つの中和点を示す（図7・3 M, N）. リン酸水溶液に水酸化ナトリウム水溶液を少しずつ添加するとリン酸緩衝液を調

製することができる．また，リン酸二水素ナトリウム（NaH$_2$PO$_4$）水溶液とリン酸一水素ナトリウム（Na$_2$HPO$_4$）水溶液を適宜混合すると pK_{a2} 付近の pH 条件で用いる緩衝液を調製できる．

緩衝液によく用いられる弱酸および弱塩基の pK_a を表 7・2 にまとめた．

表 7・2 緩衝液に用いられる弱酸・弱塩基の pK_a

酸または塩基	pK_a		緩衝 pH 領域	酸または塩基	pK_a*	緩衝 pH 領域
リン酸 H$_3$PO$_4$	pK_{a1}	2.12	1.0～3.5	Tris[†2]	pK_{a1} 8.0	6.8～9.8
	pK_{a2}	7.21	5.2～8.2	ベロナール[†3]	pK_{a1} 8.0	6.5～9.5
	pK_{a3}	12.32	10.8～14.0	（バルビタール）		
クエン酸[†1]	pK_{a1}	3.09	1.6～4.6	HEPES[†4]	pK_{a1} 7.6	7.0～8.0
	pK_{a2}	4.75	3.2～6.2	MOPS[†5]	pK_{a1} 7.2	6.2～7.6
	pK_{a3}	5.41	3.9～6.9	イミダゾール[†6]	pK_{a1} 7.00	5.5～8.5
酢酸 CH$_3$COOH	pK_{a1}	4.75	2.0～5.5	MES[†7]	pK_{a1} 6.2	5.8～6.5
アンモニウムイオン NH$_4$$^+$	pK_{a1}	9.25	8.0～10.5			

* 緩衝液に用いられる弱塩基 B については，

B + H$_2$O ⇄ BH$^+$ + OH$^-$

から（7・10）式のとおり，塩基解離定数は次式となる．

$$K_b = \frac{[BH^+][OH^-]}{[B]}$$

一方，逆反応 BH$^+$ ⇄ B + H$^+$ を考えると，酸解離定数は次式となる．

$$K_a = \frac{[B][H^+]}{[BH^+]}$$

$K_a \times K_b = [H^+][OH^-] = K_w$ から，解離指数には pK_a + pK_b = 14 の関係が成り立つ．緩衝作用を示す pH 領域は pK_a 付近になるため，表 7・2 右側に列挙する弱塩基類の解離指数は，わかりやすく pK_a を示した．

†1
$$\begin{array}{l} CH_2COOH \\ HOCCOOH \\ CH_2COOH \end{array}$$

†2
$$H_2N-C\begin{array}{l} -CH_2OH \\ -CH_2OH \\ -CH_2OH \end{array}$$

†3
N,N,C$_2$H$_5$,C$_2$H$_5$ バルビタール構造

†4
HOCH$_2$CH$_2$-N N-CH$_2$CH$_2$SO$_3$$^-$

†5
O N(CH$_2$)$_3$SO$_3$$^-$

†6
イミダゾール環

†7
O N(CH$_2$)$_2$SO$_3$$^-$

■ 章 末 問 題

問題 7・1 次の記述のうち，正しいものを選べ．

a) 酢酸を水で薄めていくと，電離度が大きくなる．

b) 1 価の強酸を 1 価の弱塩基で中和するのに必要な弱塩基の物質量は強酸の物質量より多い．

c) pH 2 の塩酸を水で 100 倍希釈すると pH 4 になる．

d) pH 6 の希塩酸を水で 100 倍希釈すると pH 8 になる．

問題 7・2 0.200 M の塩酸 200 mL に 0.100 M 水酸化ナトリウム水溶液 200 mL を混合した．このときの pH を求めよ．ただし，$\log_{10} 5 = 0.699$ とする．

問題 7・3 0.150 M の硫酸 200 mL に 0.100 M 水酸化ナトリウム水溶液 200 mL を混合した．このときの pH を求めよ．

問題 7・4

1) 酢酸の K_a は 25 ℃ で 1.78×10^{-5} M である．pK_a を求めよ．

2) 0.100 M の酢酸の pH を求めよ．

問題 7・5 弱塩基の水溶液の pH について求め方を説明せよ．

問題 7・6 0.2 M の KH$_2$PO$_4$ と 0.1 M の K$_2$HPO$_4$ からできている緩衝液の pH を求めよ．ただし，リン酸の解離定数を pK_{a1}=2.12，pK_{a2}=7.21，pK_{a3}=12.67，$\log_{10} 2$=0.301 とする．

問題 7・7 グリシンの等電点（正電荷と負電荷が等しい点）を求めよ．ただし，pK_{a1}=2.3，pK_{a2}=9.7 とする．

8 酸化還元反応

8・1 酸 化 と 還 元

酸化と還元の定義には次の三つがあるが，本質的には同じことをいっている．いずれも酸化と還元は逆の関係にある．

 酸化とはある物質が酸素と結合する反応，還元とはある物質から酸素原子が除かれる反応

❷ 酸化とはある物質から水素原子が除かれる反応，還元とはある物質が水素と結合する反応

❸ 酸化とはある物質が電子を放出する反応，還元とはある物質が電子を受取る反応

酸化と還元は同時に起こり，両者を合わせて**酸化還元反応**という．相手を酸化させるものを**酸化剤**，還元させるものを**還元剤**とよび，酸化還元反応において，酸化剤自身は還元され，還元剤自身は酸化される．❶と❷で考えるのがわかりやすいが，❶も❷も❸に含まれるので，最終的には❸で理解するのがよい．

たとえば，鉄がさびるというのは金属鉄が酸化される反応である．鉄 Fe に酸素 O_2 が結合してさびる．酸化物を Fe_2O_3 とし，これを反応式で書くと，

$$4Fe + 3O_2 \longrightarrow 2Fe_2O_3 \qquad (8・1)$$

となる（図 8・1）．

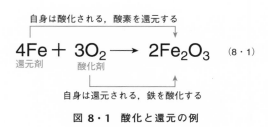

図 8・1 酸化と還元の例

❶の定義から酸素 O_2 は鉄 Fe を酸化し，鉄は酸素を還元したと表現できる．酸素は酸化剤であり，鉄は還元剤になる．また，鉄は酸素で酸化され，酸素は鉄で還元されたと表現される．

(8・1)式から鉄だけを抜き出して書くと,

$$\text{Fe} \longrightarrow \text{Fe}^{3+} + 3e^- \tag{8・2}$$

となる. 鉄は電子を放出していることから, ❸の定義の酸化反応にあてはまる. ここで左辺と右辺の総電荷数が等しくなることに注意してほしい. 左辺は0であり, 右辺も (+3)+3×(−1)＝0 となっている.

■**例題8・1**　次の反応式において, どれが酸化剤でどれが還元剤か答えよ.
1) 2 還元型ビタミン C ＋ O_2 $\longrightarrow$ 2 酸化型ビタミン C ＋ 2H_2O
2) 酸化型ビタミン C ＋ 2R-SH $\longrightarrow$ 還元型ビタミン C ＋ R-S-S-R
ただし, 還元型ビタミン C と酸化型ビタミン C の構造式は以下のとおりである.

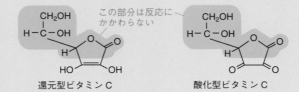

還元型ビタミン C　　　　　酸化型ビタミン C

解 答
1) 還元剤は還元型ビタミン C (水素を放出して酸化型ビタミン C になっている), 酸化剤は O_2 (水素と結合して水になっている).
2) 還元剤は R-SH (水素を放出して R-S-S-R になっている), 酸化剤は酸化型ビタミン C (水素と結合して還元型ビタミン C になっている)

■**例題8・2**　2価の鉄イオンが3価の鉄イオンに酸化される過程, ならびに1価の銅イオンが2価の銅イオンに酸化される過程を化学式で記せ. ただし, 電子を e^- とする.

解 答
$$\text{Fe}^{2+} \longrightarrow \text{Fe}^{3+} + e^-$$
$$\text{Cu}^+ \longrightarrow \text{Cu}^{2+} + e^-$$

と記述できる. 上式, 下式いずれも左辺と右辺の総電荷数が等しくなる. 上式では左辺の電荷は＋2, 右辺の電荷は(+3)＋(−1)＝+2になる. 下式では左辺の電荷は＋1で, 右辺の電荷も (+2)＋(−1)＝+1になる.

■**例題8・3**　過酸化水素の水溶液に二酸化マンガンを入れると酸素が発生する. これを化学式で表すと,

$$2H_2O_2 \longrightarrow 2H_2O + O_2$$

と書ける. 二酸化マンガンは触媒で反応式には直接関係しない. この式を酸化還元反応という観点から説明せよ.

解 答　　H_2O_2 (A: 酸化剤) ＋ H_2O_2 (B: 還元剤) $\longrightarrow$ H_2O ＋ O_2
と記述できる. 1分子の H_2O_2 (A) は酸化剤として働き, もう1分子の H_2O_2 (B: 還元剤) を O_2 に酸化し, 自身は H_2O に還元される. もう1分子の H_2O_2 (B) は還元剤として働き, 別の H_2O_2 (A: 酸化剤) を H_2O に還元し, 自身は O_2 に酸化される.

8・2　酸化還元反応の化学式と量的関係

ここで電子のやりとりを明らかにするため**酸化数**というものを考える*. 酸化数については次のような約束事がある.

> 1) 遊離元素の酸化数は0とする（酸素分子 O_2, 水素分子 H_2, 金属鉄 Fe などの酸化数は0）.
> 2) 化合物中にHがあるときは, その酸化数を+1とする.
> 3) 化合物中に存在するすべての元素の酸化数の総和は0とする（H_2O を考えると, +1のHを2個含み全体が0になるので, O は-2. 原則, 化合物中のO の酸化数は-2になる. 例外は H_2O_2 で, この場合のO の酸化数は-1になる）
> 4) 錯イオンや原子団において, その酸化数の総和は, イオンもしくは原子団の電荷に等しくなければならない.

* 酸化数はⅠ, Ⅱ…のようにローマ数字でも表される.

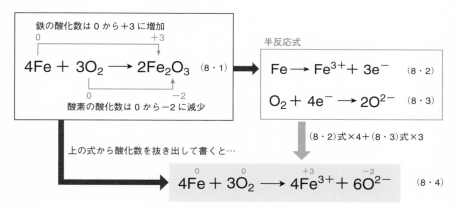

図 8・2　酸化還元反応の化学式の例

(8・1)式で電子のやり取りを抜き出して記すと鉄は0（Fe）から+3（Fe^{3+}）になり, 酸素は0（O_2）から-2（O^{2-}）になっており, 次のように書ける.

$$Fe \longrightarrow Fe^{3+} + 3e^- \qquad (8・2)$$
$$O_2 + 4e^- \longrightarrow 2O^{2-} \qquad (8・3)$$

(8・2)式も(8・3)式も左辺と右辺の+, -を足した数が一致している（8・2式では0, 8・3式では-4）. (8・2)式と(8・3)式の電子の数をそろえるため, (8・2)式×4と(8・3)式×3を足すと,

$$
\begin{aligned}
4Fe &\longrightarrow 4Fe^{3+} + 12e^- \\
3O_2 + 12e^- &\longrightarrow 3O_2{}^{2-} \\
\hline
4Fe + 3O_2 + \cancel{12e^=} &\longrightarrow 4Fe^{3+} + 3O_2{}^{2-} + \cancel{12e^=} \qquad (8・4) \\
&\longrightarrow 2Fe_2O_3 \qquad (8・1)
\end{aligned}
$$

となり, 電子が消えて(8・1)式になる. (8・2)式や(8・3)式のように酸化と還元を分けた式を**半反応式**という（図8・2）. 酸化還元反応は半反応式を組合わせて

書ける. いくつかの還元剤および酸化剤の半反応式を表8・1, 表8・2に示す. 表からもわかるように, 同じ物質でも相手によって酸化剤にも還元剤にもなりうるものや, 場合によって酸化力の異なるものがある.

表 8・1 還元剤の半反応式の例

鉄	$Fe \longrightarrow Fe^{2+} + 2e^-$	(8・5)
NADH[†1]	$NADH \longrightarrow NAD^+ + H^+ + 2e^-$	(8・6)
チオ硫酸イオン[†2]	$2S_2O_3^{2-} \longrightarrow S_4O_6^{2-} + 2e^-$	(8・7)
アルデヒド	$R\text{-}CHO + H_2O \longrightarrow R\text{-}COOH + 2H^+ + 2e^-$	(8・8)
シュウ酸	$(COOH)_2 \longrightarrow 2CO_2 + 2H^+ + 2e^-$	(8・9)
グルコース	$C_6H_{12}O_6 + 6H_2O \longrightarrow 6CO_2 + 24H^+ + 24e^-$	(8・10)
ヨウ素イオン	$2I^- \longrightarrow I_2 + 2e^-$	(8・11)
2価鉄イオン	$Fe^{2+} \longrightarrow Fe^{3+} + e^-$	(8・12)
水	$H_2O \longrightarrow 2H^+ + 2e^- + \frac{1}{2}O_2$	(8・13)

†1 NAD(ニコチンアミドアデニンジヌクレオチド) は酸化還元酵素にかかわる補酵素の一つで, ビタミンであるナイアシンから生成される.
†2 $S_4O_6^{2-}$ はテトラチオン酸イオン

表 8・2 酸化剤の半反応式の例

次亜塩素酸イオン	$ClO^- + 2H^+ + e^- \longrightarrow \frac{1}{2}Cl_2 + H_2O$	(8・14)
過マンガン酸イオン	$MnO_4^- + 8H^+ + 5e^- \longrightarrow Mn^{2+} + 4H_2O$ $(Mn^{7+} + 5e^- \longrightarrow Mn^{2+})$	(8・15)
過酸化物	$R\text{-}OOH + 2H^+ + 2e^- \longrightarrow R\text{-}OH + H_2O$	(8・16)
塩 素	$Cl_2 + 2e^- \longrightarrow 2Cl^-$	(8・17)
酸 素	$O_2 + 4H^+ + 4e^- \longrightarrow 2H_2O$	(8・18)
銀イオン	$Ag^+ + e^- \longrightarrow Ag$	(8・19)
3価鉄イオン	$Fe^{3+} + e^- \longrightarrow Fe^{2+}$	(8・20)
ヨウ素	$I_2 + 2e^- \longrightarrow 2I^-$	(8・21)

二つの半反応式を用い, 電子を消去するように組合わせると酸化還元反応が書ける. 電子1molを与えるものを1当量 (Eq.) の還元剤, 電子1molを受取るものを1当量 (Eq.) の酸化剤という[*1].

*1 当量については, §5・3参照.

アルデヒド基をもつ糖と銀イオンを反応させると銀が析出する反応を**銀鏡反応**というが, これは(8・8)式と(8・19)式を組合わせた反応である. 電子の数 (当量数) を合わせるため, (8・19)式は2倍にする.

$$R\text{-}CHO + H_2O \longrightarrow R\text{-}COOH + 2H^+ + 2e^-$$
$$2Ag^+ + 2e^- \longrightarrow 2Ag$$
$$\overline{R\text{-}CHO + 2Ag^+ + H_2O + 2e^- \longrightarrow R\text{-}COOH + 2Ag + 2H^+ + 2e^-}$$

*2 実際にこの反応を起こすためには, アンモニア水を過剰量添加し, 銀を錯イオン化することが必要となる.

$R\text{-}CHO + 2[Ag(NH_3)_2]^+$
$+ 2OH^-$
$\longrightarrow R\text{-}COONH_4 + 2Ag$
$+ 3NH_3 + H_2O$

アルデヒドが還元剤で, 銀イオンが酸化剤である. アルデヒドは酸化されカルボン酸になり, 銀イオンは還元され銀として析出する[*2].

■ **例題 8・4** ある劣化した油（酸化剤として働く*）5.00 g を酸化還元滴定したところ，0.01 mol/L のチオ硫酸ナトリウム $Na_2S_2O_3$ が 15.0 mL 消費された．この滴定で消費されたチオ硫酸ナトリウム $Na_2S_2O_3$ の物質量（mmol）を求めよ．また，これは酸化還元の何ミリ当量（mEq.）になるか．

　解 答 消費されたチオ硫酸ナトリウム $Na_2S_2O_3$ の物質量（mmol）は

$$0.01 \text{ mol/L} \times 15.0 \text{ mL} = 0.150 \text{ mmol}$$

チオ硫酸イオンの半反応式（8・7 式）は，

$$S_2O_3{}^{2-} \longrightarrow \frac{1}{2} S_4O_6{}^{2-} + e^-$$

であり，チオ硫酸イオン 1 mol は電子 1 mol を放出する還元剤なので，0.150 mmol の電子が酸化還元にかかわった．つまり 0.150 mEq. である．

> ＊ 油の劣化度を測定するのに酸化還元滴定が用いられる．詳しい反応については §8・5・2 参照．

■ **例題 8・5** 過マンガン酸イオンとシュウ酸の酸化還元反応を示せ．

　解 答 （8・9）式と（8・15）式を組合わせ，電子の数をそろえて書く．（8・9）式×5 と（8・15）式×2 を足し合わせると，

$$5(COOH)_2 \longrightarrow 10CO_2 + 10H^+ + 10e^-$$
$$2MnO_4{}^- + 16H^+ + 10e^- \longrightarrow 2Mn^{2+} + 8H_2O$$
$$\overline{5(COOH)_2 + 2MnO_4{}^- + 16H^+ + \cancel{10e^-} \longrightarrow 10CO_2 + 10H^+ + 2Mn^{2+} + 8H_2O + \cancel{10e^-}}$$

よって，

$$5(COOH)_2 + 2MnO_4{}^- + 6H^+ \longrightarrow 10CO_2 + 2Mn^{2+} + 8H_2O$$

■ **例題 8・6** 例題 8・5 は，実際には硫酸 H_2SO_4 による酸性下での過マンガン酸カリウム（$KMnO_4$）溶液とシュウ酸 $[(COOH)_2]$ 溶液の酸化還元反応になる．$KMnO_4$，$(COOH)_2$，H_2SO_4 を用いてこの反応式を記せ．

　解 答 例題 8・5 の解答の式，$5(COOH)_2 + 2MnO_4{}^- + 6H^+ \longrightarrow 10CO_2 + 2Mn^{2+} + 8H_2O$ の左辺の過マンガン酸イオンを過マンガン酸カリウムとし，H^+ を硫酸とする．右辺は左辺に新たに加わった硫酸イオンとカリウムイオンを硫酸塩として数を合わせる．よって，以下のようになる．

$$5(COOH)_2 + 2KMnO_4 + 3H_2SO_4 \longrightarrow 10CO_2 + 2MnSO_4 + K_2SO_4 + 8H_2O$$

■ **例題 8・7** ある過マンガン酸カリウム溶液 10.00 mL を硫酸酸性下において，0.100 mol/L のシュウ酸溶液で酸化還元滴定したところ，20.00 mL のシュウ酸溶液で終点になったとする．この過マンガン酸カリウム溶液のモル濃度を求めよ（注: この反応の終点は過マンガン酸イオンの紫色が消失することで判別できる）．

　解 答 過マンガン酸カリウム溶液のモル濃度を A mol/L とすると，（8・9）式と（8・15）式より，5 mol のシュウ酸と 2 mol の過マンガン酸が酸化還元で対応する（電子数が等しくなる）ので，

$$5 \times 0.100 \text{ mol/L} \times 20.00 \text{ mL} = 2 \times A \text{ mol/L} \times 10.00 \text{ mL}$$

よって，$A = 0.500$ mol/L となる．

8・3 金属のイオン化傾向

金属を酸に入れると電子を放出しイオンになる．たとえば，亜鉛を塩酸の水溶液につけると，

$$Zn \longrightarrow Zn^{2+} + 2e^-$$

となり，このとき水素イオンから水素ガスが発生する．

$$2H^+ + 2e^- \longrightarrow H_2$$

つまり，亜鉛は還元剤として働き，水素イオンは酸化剤として働いたことになる．これは，Zn が H_2 よりも，陽イオンになりやすいためである．金属のイオンになりやすい性質（電子を放出しやすい性質）を，**イオン化傾向**という．イオン化傾向が大きいものから順番に並べたものを**イオン化列**という．水素は金属ではないが，陽イオンになる性質があるため，このなかに入れて書く．

$$Li > K > Ca > Na > Mg > Al > Zn > Fe > Ni >$$
$$Sn > Pb > \underline{H_2} > Cu > Hg > Ag > Pt > Au$$

イオン化傾向が大きい金属は，電子を放出しやすいので還元作用が強く，還元剤になりやすい．すなわち，その陽イオンは還元されにくい．逆に，イオン化傾向が小さい金属は，電子を放出しにくいので還元作用が弱く還元剤になりにくい．よって，その陽イオンは還元されやすい，つまり酸化剤になりやすい．

■**例題8・8**　硫酸銅（$CuSO_4$）水溶液に亜鉛片を浸すと，亜鉛の表面に銅が析出する．これを化学反応式で表し，何が酸化剤で何が還元剤かを示せ．
　解　答　イオン化傾向では Zn＞Cu なので，銅より亜鉛の方がイオンになりやすい．

$$Zn \longrightarrow Zn^{2+} + 2e^-$$
$$Cu^{2+} + 2e^- \longrightarrow Cu$$

両者を足し合わせて，両辺の電子を消すと，

$$Zn + Cu^{2+} \longrightarrow Zn^{2+} + Cu \quad (Zn: 還元剤, \ Cu^{2+}: 酸化剤)$$

8・4 酸化還元電位

酸化剤として働きやすいか還元剤として働きやすいかは，酸化剤と還元剤を組合わせて**電池**をつくり，電子（電気）がどちら向きに流れるかを調べればわかる．酸化剤は電子を受取り，還元剤は電子を放出するので，電子は還元剤から酸化剤に流れる．

例として図8・3のような電池を考えてみよう．硫酸亜鉛水溶液と硫酸銅水溶液中に亜鉛電極と銅電極をつなぎ電池をつくると，例題8・8に示したように，イオン化傾向では Zn＞Cu なので，亜鉛の方がイオンになりやすく，電子は亜鉛電極から銅電極に流れる．亜鉛電極のように電子が流れ出して酸化が起こる電極

をアノード，銅電極のように電子が流れ込んで還元が起こる電極をカソードとよぶ．図8・3右のように電池の外部回路では銅から亜鉛に正電荷が流れるためカソード側が**正極**，アノード側が**負極**となる．

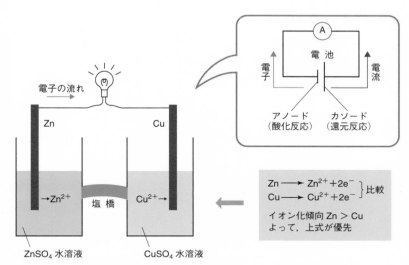

図8・3　イオン化傾向と電池における電子の流れ　イオン化傾向のより強い亜鉛から電子が放出され，亜鉛電極では Zn $\longrightarrow$ Zn^{2+} + 2e$^-$（酸化反応）が起こる．一方，銅電極では銅イオンが電子を受取り銅となり，Cu^{2+} + 2e$^-$ $\longrightarrow$ Cu（還元反応）が起こる．塩橋は不活性な電解質溶液のゲルなどでできており，二つの溶液が混ざることなくイオンが移動できるようになっている．

このように電子が流れるので，両電極間に電位差が生じる．これを電池の**起電力**とよぶ．ある電池の起電力は，電子の流れに逆らう方向に電圧をかけて電流を減少させ，0になるときの電圧（V）として測定する．ある標準電極を用いて，それと別の電極の間で電池をつくり起電力を測定することで，酸化還元の起こりやすさを相対的に見積もることができる．これが**酸化還元電位**である．水素電極を標準に用い，この電極の電位を0とする．表8・3に，半反応式とその反応の標準酸化還元電位の例を示す．

表8・3　標準酸化還元電位の例

還元半反応	標準酸化還元電位〔V〕	還元力	酸化力
Na$^+$ + e$^-$ $\longrightarrow$ Na	−2.71	大	小
Zn^{2+} + 2e$^-$ $\longrightarrow$ Zn	−0.76		
2H$^+$ + 2e$^-$ $\longrightarrow$ H$_2$	0		
Cu^{2+} + 2e$^-$ $\longrightarrow$ Cu	+0.34		
Fe^{3+} + e$^-$ $\longrightarrow$ Fe^{2+}	+0.77		
O$_2$ + 4H$^+$ + 4e$^-$ $\longrightarrow$ H$_2$O	+1.23	小	大

標準酸化還元電位というのは，それぞれの成分が標準状態（1 atm，1 mol/L）にあるときの酸化還元電位である．符号は，

$$\text{酸化型} + n\text{e}^- \longrightarrow \text{還元型}$$

が起こりやすい方向を＋，起こりにくい方向を－と約束する．つまり，還元力が強い（酸化されやすい）と負になり，酸化力が強い（還元されやすい）と正になる．酸化還元電位は，化学反応の起こりやすさを考えるときに重要な指標である．

グルコースの燃焼や呼吸のような反応を考えたとき，最終的な電子の受容体は酸素である．通常，自発的反応は酸化還元電位が－側から＋側に大きくなっていく方向に進行し，エネルギーを放出する．

■ **例題 8・9**　水素は 2 価の銅イオンを還元して銅として析出できるか，また 3 価の鉄イオンは亜鉛を酸化できるか．表 8・3 に基づき考察せよ．

　解 答　水素イオンと 2 価の銅イオンの標準酸化還元電位を比べると，Cu^{2+} が正の値で大きい（＋0.34＞0）．よって，Cu^{2+} が酸化剤となり，H_2 は還元剤として働く．つまり，水素は 2 価銅イオンを還元して銅として析出できる

　Fe^{3+} と Zn^{2+} の標準酸化還元電位を比べると，Fe^{3+} が Zn^{2+} より大きい（＋0.77＞－0.76）．よって，Fe^{3+} が酸化剤となり，Zn は還元剤として働く．つまり，3 価の鉄イオンは亜鉛を酸化できる．

■ 8・5　生体や食品にかかわる酸化還元反応

8・5・1　糖の燃焼反応

糖（グルコース）の燃焼もしくは呼吸による分解反応は，(8・10)式と(8・18)式で記述できる．(8・10)式と(8・18)式×6 を足し合わせ，両辺の電子と H^+ を消去すると，

$$
\begin{aligned}
C_6H_{12}O_6 + 6H_2O &\longrightarrow 6CO_2 + 24H^+ + 24e^- \\
6O_2 + 24H^+ + 24e^- &\longrightarrow 12H_2O \\
\hline
C_6H_{12}O_6 + 6O_2 &\longrightarrow 6CO_2 + 6H_2O
\end{aligned}
$$

となる．グルコース $C_6H_{12}O_6$ は還元剤として働き，酸素分子 O_2 により酸化される．酸素はグルコースに還元されて水になる．このとき放出されるエネルギーが**燃焼熱**になる*．食物として食べられた糖が体内で呼吸により分解されるときも同じ量のエネルギーが放出されるが，そのエネルギーを ATP に変換し，さまざまな生物反応に利用している．

一方，植物による光合成はこれとはまったく逆の反応で，(8・10)式と(8・18)式×6 を左右逆にして足し合わせたものである．

$$
\begin{aligned}
6CO_2 + 24H^+ + 24e^- &\longrightarrow C_6H_{12}O_6 + 6H_2O \\
12H_2O &\longrightarrow 6O_2 + 24H^+ + 24e^- \\
\hline
6CO_2 + 6H_2O &\longrightarrow C_6H_{12}O_6 + 6O_2
\end{aligned}
$$

*　燃焼反応とエネルギーについては第 9 章参照．

　光合成の反応はエネルギー的には自発的には起こらないため，太陽の光エネルギーを取込むことで可能にしている．つまり，植物は太陽エネルギーを糖という化学的エネルギーに変換していることになる．

　私たちが食べ物を食べ，そこからエネルギーを取出すということは，食べ物の成分（糖，タンパク質，脂質）を酸化してそのとき放出されるエネルギーを利用していることになる．酸素が酸化剤として働くので，より還元的なものがエネルギー的に高い化合物である．たとえば，脂質と糖質を比べてみよう．仮に脂質をステアリン酸，糖質をグルコースとすると，その分子式はそれぞれ $C_{18}H_{36}O_2$ と $C_6H_{12}O_6$ となり，分子式から C の見かけの酸化数を計算してみると，$C_{18}H_{36}O_2$ からは $-(36-2\times2)/18 = -32/18 = -1.77\cdots$，$C_6H_{12}O_6$ からは $-(12-2\times6)/6 = 0$ となり，脂質の方がより強い還元状態にあることがわかる．脂質の燃焼エネルギー（9 kcal/g）が糖の燃焼エネルギー（4 kcal/g）より大きいことが理解できる．

8・5・2 脂質の酸化と過酸化脂質の定量

　食品中の脂質は酸素のある状態で放置しておくと酸化される．これは不飽和脂肪酸から**過酸化物**ができるためである．この反応は不飽和脂肪酸を RH と書くと，

$$RH + O_2 \longrightarrow R\text{-}OOH$$

と記述できる．R-OOH が過酸化物である．過酸化物が多くなるということは食品の酸化が進んだ，すなわち劣化してきたということになるため，過酸化物を定量することは食品学的に重要になる．この過酸化物を定量するのに，酸化還元滴定を用いる．滴定の手順を図 8・4 に示す．まず(8・16)式と(8・11)式を組合わせる（実際の手順としては，まず過酸化物を含む油にヨウ化カリウム KI を加える）．過酸化物は強い酸化剤で，この場合ヨウ素イオンは還元剤として働く．

$$R\text{-}OOH + 2H^+ + 2e^- \longrightarrow R\text{-}OH + H_2O \qquad (8\cdot16)$$

$$2I^- \longrightarrow I_2 + 2e^- \qquad (8\cdot11)$$

$$\overline{R\text{-}OOH + 2I^- + 2H^+ \longrightarrow R\text{-}OH + I_2 + H_2O \qquad (8\cdot22)}$$

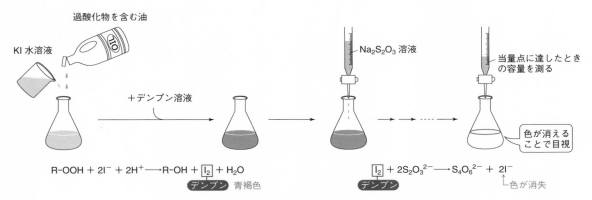

図 8・4　酸化還元反応を用いた脂質の過酸化物価測定

ここで遊離してきたヨウ素をチオ硫酸イオンで還元する．ここではヨウ素は酸化剤として働くので，(8・11)式の方向を逆にした(8・21)式を(8・7)式と組合わせる．

$$2S_2O_3{}^{2-} \longrightarrow S_4O_6{}^{2-} + 2e^- \tag{8・7}$$

$$I_2 + 2e^- \longrightarrow 2I^- \tag{8・21}$$

$$2S_2O_3{}^{2-} + I_2 \longrightarrow S_4O_6{}^{2-} + 2I^- \tag{8・23}$$

(8・22)式と(8・23)式を足し合わせると，ヨウ素が消えて，次に示す式のようになる．

$$R\text{-}OOH + 2I^- + 2H^+ \longrightarrow R\text{-}OH + I_2 + H_2O \tag{8・22}$$

$$2S_2O_3{}^{2-} + I_2 \longrightarrow S_4O_6{}^{2-} + 2I^- \tag{8・23}$$

$$R\text{-}OOH + 2S_2O_3{}^{2-} + 2H^+ \longrightarrow R\text{-}OH + S_4O_6{}^{2-} + H_2O \tag{8・24}$$

合わせると酸性条件下において，過酸化物が酸化剤，チオ硫酸イオンが還元剤として働く酸化還元反応になり，(8・24)式にヨウ素は現れてこない．しかし，一連の反応における役割はもちろんのこと，図8・4で示したように反応の終点を判定する際にもヨウ素の存在は重要である．すなわち，反応溶液中にデンプンを添加すると，ヨウ素が存在している間はヨウ素-デンプン反応により反応溶液が青褐色を呈するが，ヨウ素が消失し，色が消えたところを当量点と判定することができる．

■ **例題 8・10** 例題 8・4 で用いた劣化油の過酸化物価（POV）はいくつか．ただし，POV は油脂 1 kg によりヨウ化カリウムから遊離されるヨウ素のミリ当量数（単位は mEq./kg）である．

解答 チオ硫酸イオンの半反応式は，

$$S_2O_3{}^{2-} \longrightarrow \frac{1}{2} S_4O_6{}^{2-} + e^-$$

であり，ヨウ素の半反応式は次のとおりである．

$$\frac{1}{2} I_2 + e^- \longrightarrow I^-$$

左辺のヨウ素は，(8・22)式の反応により酸化した劣化油によってヨウ素イオンから遊離したもの（$I^- \longrightarrow \frac{1}{2} I_2 + e^-$）である．滴定で消費されるチオ硫酸イオンの物質量とヨウ素イオンの物質量は等しくなり，これは酸化還元にかかわった電子の物質量に等しくなる．例題 8・4 より，この油 5.00 g から遊離されるヨウ素のミリ当量数（電子の物質量）は 0.150 mEq. なので，油脂 1 kg から遊離されるヨウ素のミリ当量数は，

$$0.150 \text{ mEq.} \times \frac{1000}{5.00} = 30.0 \text{ mEq./kg}$$

よって，POV は 30.0 となる．

章 末 問 題

問題 8・1　例題 8・1 で示した次の式を半反応式で示せ.

$$2\text{還元型ビタミン C} + O_2 \longrightarrow 2\text{酸化型ビタミン C} + 2H_2O$$

問題 8・2　次亜塩素酸ナトリウム NaClO を塩酸（HCl）水溶液に加えると塩素ガスが発生する. その反応式は, 次のように表せる.

$$NaClO + 2HCl \longrightarrow (\quad A\quad) + (\quad B\quad) + NaCl$$

1) A, B は何か. 化学式を記せ.
2) この反応式を半反応式で記せ.
3) どれが酸化剤でどれが還元剤か.
4) 塩素の酸化数の変化を示せ.

問題 8・3　酸素 O_2 は呼吸の過程で水 H_2O に還元される. その過程で以下のような 4 段階の還元反応が起こり,

① $O_2 + e^- \longrightarrow O_2^-$ （スーパーオキシドアニオン）

② $O_2^- + (\quad A\quad) + e^- \longrightarrow H_2O_2$

③ $H_2O_2 + H^+ + (\quad B\quad) \longrightarrow H_2O + \cdot OH$ （ヒドロキシラジカル）

④ $\cdot OH + H^+ + e^- \longrightarrow (\quad C\quad)$

反応性の高い活性酸素種が放出されることがある. これらの活性酸素は殺菌活性を示し生体防御機構に働くが, 自身の細胞やタンパク質も攻撃する. そのため生体は酵素を使って不要な活性酸素種を消去している. スーパーオキシドジスムターゼは, スーパーオキシドアニオンを H_2O_2 と酸素にする反応を触媒し, カタラーゼは H_2O_2 を水と酸素に分解する反応を触媒している.

1) A, B, C に入るものは何か.
2) ①〜④を合わせた反応式を示せ.
3) スーパーオキシドジスムターゼとカタラーゼの反応式を示せ.

問題 8・4　ある油 5.00 g を酢酸とヨウ化カリウムの存在下, 0.01 mol/L のチオ硫酸ナトリウム $Na_2S_2O_4$ で酸化還元滴定したところ, 8.00 mL で終点となった.

1) チオ硫酸ナトリウム $Na_2S_2O_4$ の半反応式を記せ.
2) この油の過酸化物価（POV）はいくつか. ただし, POV は油脂 1 kg によりヨウ化カリウムから遊離されるヨウ素のミリ当量数（mEq./kg）である.

問題 8・5　次亜塩素酸ナトリウム（NaClO）溶液は, 強い酸化剤で消毒剤や漂白剤としてよく用いられる. NaClO 溶液の有効塩素濃度は, 硫酸とヨウ化カリウムの存在下でチオ硫酸ナトリウム（$Na_2S_2O_3$）溶液による酸化還元滴定で求められる.

1) この酸化還元反応の半反応式を記せ.
2) 0.1 mol/L のチオ硫酸ナトリウム溶液 1.00 mL は, 何 mg Cl に相当するか. ただし, Cl の原子量を 35.45 とする.
3) ある次亜塩素酸ナトリウム（NaClO）溶液を 20 倍に希釈して, その 10 mL をとり, 0.1 mol/L のチオ硫酸ナトリウム溶液で滴定したところ, 4.00 mL を要した. もとの NaClO 溶液の有効塩素濃度（g Cl/L）を求めよ.

問題 8・6　シトクロム a, シトクロム b, シトクロム c の pH 7 での標準酸化還元電位を $+0.29$ V, $+0.08$ V, $+0.23$ V とすると, この 3 種のシトクロムではどのような順番で電子が流れると予想されるか.

ビタミン C の検出: 問題 8・1 の酸素をヨウ素に変えると,（8・21）式の反応により, $2\text{還元型ビタミン C} + I_2 \longrightarrow 2\text{酸化型ビタミン C} + 2I^-$ となる. このときヨウ素‐デンプン反応を利用して, ビタミン C 量を検出できる. 1% 可溶性デンプンを含むヨウ素・ヨウ化カリウム水溶液に, お茶やレモンを加えると色が消失する. この反応でビタミン C を簡便に検出できる.

物理化学の基礎: 本書の付録に単位と簡単な数学をまとめてある．第9章を読む前に頭に入れておこう．

グルコース $C_6H_{12}O_6$ が酸化して，二酸化炭素と水になる反応をエネルギーの観点から考えてみよう（図9・1）．反応式は $C_6H_{12}O_6 + 6O_2 \longrightarrow 6CO_2 + 6H_2O$ となり，図の縦軸方向がエネルギーで，左側の反応原系が右側の生成系に比べて高い．この反応は，発熱を伴いエネルギー的には自然に，すなわち自発的に左側から右側に進行するということを示している．しかし，この図からは反応の速度が速いか遅いか，もしくは室温で自然に起こるかどうかはわからない．それについては速度論的考え方が必要であり，後で解説する（§9・4参照）．

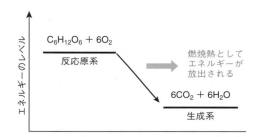

図 9・1　グルコースの燃焼反応をエネルギー的に示した図

9・1　熱力学の第一法則

9・1・1　エネルギー保存の法則とエンタルピー

エネルギーの変換を定量的に扱うのが**熱力学**であり，図9・1に示したような化学反応，生命現象，栄養素のもつエネルギーなどの理解には欠かせない．

熱力学における基本的な物理的性質は**仕事**である．仕事はある物体が力に逆らって動かされるときになされるものであり，仕事をする能力のことを**エネルギー**（単位は J）という．エネルギーは仕事以外の手段に変えることができる．温度差によりある系のエネルギーが変化したときには，エネルギーが熱として移ったという．エネルギーを熱の形で放出する過程を**発熱過程**，エネルギーを吸収する過程を**吸熱過程**という．グルコースの燃焼反応は発熱過程である．

エネルギー保存の法則を熱力学の第一法則という．熱力学では，系の全エネルギーを内部エネルギー U という．熱と仕事は系の内部エネルギーを変化させる同等な手段である．系が孤立していれば内部エネルギーは変化しないが，閉じた系

食事摂取基準のエネルギーをカロリー（cal）とジュール（J）で考えてみよう

定 義

cal は栄養学ではよく使われる単位であるが, cal と J はともにエネルギーの単位で, 互いに換算できる. 日本の計量法では 1 cal＝4.184 J と定められている. 食事摂取基準に記載されている cal はすべて J に換算できる. たとえば, "エネルギー摂取量が 2000 kcal/日である" ということは,

2000 kcal＝2000 × 4.184 kJ＝8368 kJ ≒ 8400 kJ

より, "エネルギー摂取量が 8400 kJ/日である" ということと同じ意味になる. 文部科学省の日本食品標準成分表では cal と J が併記されている.

歴史的には, cal は, "1 g の水の温度を標準大気圧下で 1 ℃ 上げるのに必要な熱量" と定義され, 栄養学では生理的熱量を表す単位として用いられてきた. しかし, 水の比熱は温度により異なることや実験により測定するため誤差を生じることなどのため, より厳密に定義できる SI 単位である J からの換算により, cal を定義することが行われた. 日本では, 1 cal＝4.184 J と定められているが, 国際栄養学連合では, 1 cal＝4.182 J とされている. この差は栄養学上実用的には問題ない. なお, cal は, エネルギーの SI 単位としては認められておらず, 日本の計量法では, "人若しくは動物が摂取する物の熱量又は人若しくは動物が代謝により消費する熱量の計量" にのみ使用することが認められている.

目 安

食事摂取基準の数値を物理的な意味での cal や J で考えてみよう. まず 1.0 m×0.7 m×0.3 m の水をはった風呂があったとする. このときの水の量は 1.0×0.7×0.3＝0.21 m³＝0.21×10^6 cm³＝0.21×10^6 g である（ただし, 水 1 mL は 1 g）. ここで, 食事摂取基準によると身体活動レベルが II の 18〜29 歳の女性の推定必要エネルギーは 2250 kcal/日である. この 2250 kcal というエネルギーは, この風呂の水を何 ℃ 上げるエネルギーに相当するだろうか. 1 cal は 1 g の水の温度を 1 ℃ 上げるのに必要な熱量なので, 2250 kcal というエネルギーを風呂の水の質量 0.21×10^6 g で割ると, $(2250 \times 10^3)/(0.21 \times 10^6)$＝10.7 となり, 10.7 ℃ 上げるエネルギーに相当する. 意外に小さい感じがするかもしれない.

次に, この 2250 kcal というエネルギーが 50 kg の物体を何 m 上げるエネルギーに相当するかを考えてみる. ここで位置エネルギーは mgh で求められ, m は質量（kg）, g は重力加速度 9.80 m/s², h は高さ（m）である. 2250 kcal＝2250×4.184＝9414 kJ なので,

$$mgh = 50 \times 9.80 \times h = 9414 \times 10^3$$
$$h = 19212 \cdots$$

となり, 体重 50 kg の人を考えると約 2 万 m 持ち上げるエネルギーとなる. こう考えるとすごいエネルギーを 1 日で消費していると思えるのではないだろうか.

では外界とエネルギーのやりとりを行う*. 閉じた系が最初の状態 A から状態 B まで変化する場合, その系が外界から吸収した熱量 Q と系が外界からなされた仕事 W の和は, 変化の前後の状態 A, B のみにより決まり, 途中の経路によらない（図 9・2）.

* 熱力学における系の分類
孤立した系: 系と外界の間で, エネルギーのやりとりも物質の移動もない.
閉じた系（閉鎖系）: 系と外界の間で, エネルギーのやりとりはできるが, 物質の移動はない.
開いた系（開放系）: 系と外界の間で, エネルギーのやりとりも物質の移動もできる.

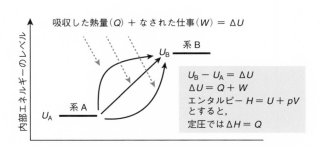

図 9・2 内部エネルギー変化(ΔU)とエネルギー保存の法則

内部エネルギー変化を ΔU とすると,

$$\Delta U = Q + W \tag{9・1}$$

と記述できる. これが熱力学の第一法則（エネルギー保存の法則）の数学的表現である. 符号は, 外界から系に与えられたときを正（＋）とする.

系が気体のように体積を自由に変化できる場合には, 内部エネルギー変化は熱として供給されたエネルギーと等しくない. それは, 一部のエネルギーが膨張としての仕事に使われるからである. そこで**エンタルピー H** というものを定義する.

$$H = U + pV \tag{9・2}$$

p は系の圧力, V は系の体積である.

一定圧力 p のもとで系が ΔV だけ体積変化する仕事は $W = -p\Delta V$ なので, (9・1)式より

$$\Delta U = Q - p\Delta V$$

となる. ここに(9・2)式を代入すると,

$$\Delta H = Q \tag{9・3}$$

となる. つまりエンタルピー変化は定圧では系に供給された熱に等しくなるので, ΔU よりも ΔH を考えた方がわかりやすい. 固体や液体を考える場合は, 体積変化はほとんどないので, ΔU と ΔH はほとんど同じになる. つまり, 系に供給された熱は, 内部エネルギーとしてとどまる.

逆にいえば, 定圧での熱の放出は系のエンタルピー減少を意味する. つまり,

$$\Delta H < 0 \quad 発熱過程, \quad \Delta H > 0 \quad 吸熱過程$$

であり, 図9・1は発熱過程になる.

単位の積と商: 物理量の積は, a×b, a·b, ab のように表され, 商は a/b, $\frac{a}{b}$, ab^{-1} のように表される. 単位も同様に J/(K・mol), J K^{-1} mol^{-1} のように表され, 単位項の多い物理化学では後者の表記が一般的である.

■ **例題 9・1** 水を 1.0 気圧のもと（定圧）で沸騰させた. 10 V の電源から 0.60 A の電流を 300 秒間それと熱接触している抵抗に流したところ, 0.798 g の水が蒸発した. 沸点（373 K）における水のエンタルピー変化（1 mol 当たり）と内部エネルギー変化（1 mol 当たり）を求めよ. ただし, 蒸発に要した供給エネルギー（J）は, 電圧(V)×電流(A)×時間(s) で求められるとし, 気体定数を $R = 8.31$ J K^{-1} mol^{-1} とする.

解 答 蒸発は定圧で起こっているので, エンタルピー変化は与えられた供給エネルギー（熱量）に等しい. つまり,

$$\Delta H = Q$$

となる. ここでは, 蒸発に要した供給エネルギーは, 電圧×電流×時間＝10 V×0.6 A×300 s＝1800 J で, そのとき蒸発した水 0.798 g は 0.798/18.0＝0.0443 mol なので, 沸点における水の 1 mol 当たりのエンタルピー変化は,

$$\Delta H = 1800 \text{ J} \div 0.0443 \text{ mol} = 40632 \text{ J mol}^{-1} \fallingdotseq 41 \text{ kJ mol}^{-1}$$

となる.

また, $\Delta H = \Delta U + p\Delta V$ なので,

$$\Delta U = \Delta H - p\Delta V$$

ここで 1 mol 当たりの液体（水）から気体（水蒸気）への気体分子の変化量は 1 mol なので,

$$p\Delta V = \Delta nRT = 1 \times 8.31 \text{ J K}^{-1} \text{ mol}^{-1} \times 373 \text{ K} = 3099 \text{ J mol}^{-1} \fallingdotseq 3 \text{ kJ mol}^{-1}$$

よって,

$$\Delta U = \Delta H - p\Delta V \fallingdotseq 41 - 3 = 38 \text{ kJ mol}^{-1}$$

9・1・2 化学反応とエンタルピー変化

化学反応によるエンタルピー変化を考える．標準状態にある反応原系が，標準状態にある生成系に変化するときのエンタルピー変化が，**標準反応エンタルピー**である．標準状態とは，1 bar（＝10^5 Pa）下*，純粋な形で存在する状態のことをいう．また，標準状態における物質 1 mol の生成エンタルピーを**標準生成エンタルピー**という．

$$A + 2B \longrightarrow 2C + 3D$$

という化学反応を考えると，その標準反応エンタルピーΔH は，生成系のエンタルピーから反応原系のエンタルピーを差引くことで求められる．反応式についている係数（**化学量論数** ν）を考慮して，

$$\Delta H = (2H_C + 3H_D) - (H_A + 2H_B)$$

となる．ただし，H_A，H_B，H_C，H_D はそれぞれ A，B，C，D の標準生成エンタルピーである．これを一般化した形で書くと，

$$\Delta H = \Sigma \nu H(\text{生成物}) - \Sigma \nu H(\text{反応物})$$

となる．一般に各物質の標準生成エンタルピーは既知なので，標準反応エンタルピーΔH は計算により求まる．

いくつかの標準反応エンタルピーは特別な名称をもっている．たとえば，C，H，O を含む有機化合物が二酸化炭素と水（N を含む場合には窒素ガス）に完全に酸化するときの標準反応エンタルピーのことを標準燃焼エンタルピーという．

* 標準状態は通常 §5・2 で示したように 0 ℃，1 atm と定義されるが，熱力学の場合には 25 ℃，1 bar とされるので注意が必要である（圧力の単位についてはコラム参照）．ただし，この違いは考え方を理解するうえでは大きな問題とならない．

■ **例題 9・2**　　$C_6H_{12}O_6(s) + 6O_2(g) \longrightarrow 6CO_2(g) + 6H_2O(l)$

の標準反応エンタルピーΔH を求めよ．ただし，$C_6H_{12}O_6(s)$，$O_2(g)$，$CO_2(g)$，$H_2O(l)$ の標準生成エンタルピーをそれぞれ -1270，0，-394，-286 kJ mol^{-1} とする．なお，(s)，(g)，(l) はそれぞれ固体，気体，液体を示す．

　解　答　　$\Delta H = \{6 \times H(CO_2) + 6 \times H(H_2O)\} - \{H(C_6H_{12}O_6) + 6 \times H(O_2)\}$

　　　　　　　$= \{6 \times (-394) + 6 \times (-286)\} - \{-1270 + (6 \times 0)\}$

　　　　　　　$= -2810$

よって，$-2810 \text{ kJ mol}^{-1}$ となる．

圧力の単位

　圧力は力をそれが加わる面積で割ったものと定義され，バール（bar）とパスカル（Pa）はいずれも圧力の単位である．国際単位系（SI）における圧力の単位はパスカルで，1 Pa＝1 kg m^{-1}s^{-1} である．bar は熱力学的データを記載する際に標準圧力として用いられる単位である．圧力の単位はほかにも複数用いられており，日本の気象の分野では，古くは mmHg が，ついでミリバール（mbar）が，そして現在ではヘクトパスカル（hPa）が用いられている．標準大気圧は，1013.25 hPa＝760 mmHg とされるが，大気圧は高度や緯度により変化する．1 気圧（atm）は 1 bar に近いが，正確に同じ値ではない．1 atm＝1.01325 bar である．

9・1・3　熱　容　量

　温度が上昇すると内部エネルギーが上昇する．一定の圧力下，温度に対してエンタルピーをプロットしたとき，その接線（温度に依存しなければ傾き）を**定圧熱容量**という（図 9・3）．たとえば，水の 298 K（25 ℃）における定圧熱容量は，75.29 J K^{-1} mol^{-1} である．熱容量の物理的状態の変化に伴う標準エンタルピー変化を**標準転移エンタルピー**という．氷が水に融解するときや，水が水蒸気に気化するときのエンタルピー変化などである．内部エネルギー変化を一定容積の条件で考えれば**定積熱容量**となる．

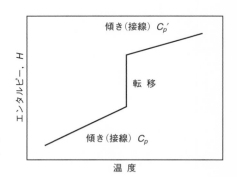

図 9・3　定圧熱容量（C_p）と転移　転移の前後で C_p が温度に依存しない（傾き一定）として図示してある．

■ **例題 9・3**　水の 298 K における定圧熱容量は 75.3 J K^{-1} mol^{-1} である．水の比熱（物質 1 g の温度を 1 K 上げるのに必要な熱量）を求めよ．また水 1 g 当たり何 cal のエネルギーを与えると 1 ℃ 上昇するか．ただし，水の分子量を 18.0，1 cal＝4.18 J とする．

　解　答　単位を換算すればよい．比熱は物質 1 g の温度を 1 K 上げるのに必要な熱量なので，

　　75.3 J K^{-1} mol^{-1} ＝ 75.3 J K^{-1} mol^{-1} ÷ 18.0 g mol^{-1} ＝ 4.1833 ⋯ J g^{-1} K^{-1}

よって，水の比熱は 4.18 J g^{-1} K^{-1}．

　これをカロリーに換算すると，

　　　　4.1833⋯ J g^{-1} K^{-1} ÷ 4.18 J cal^{-1} ≒ 1.00 cal K^{-1} g^{-1}

したがって，水 1 g 当たり 1 cal のエネルギーを与えると 1 ℃ 上昇する．

示　差　熱　分　析

　試料と基準物質に熱を供給していき，その温度差を時間もしくは温度に対してプロットしていく分析法を**示差熱分析**（differential thermal analysis, DTA）という．試料の状態が変化すると基準物質に対して吸熱もしくは発熱（エンタルピー変化）として記録される．この変化はさまざまな物理化学的変化が起こったことを示す．食品分野では図のようなデンプンの糊化，タンパク質の変性，ガラス転移などの検出や解析に用いられる．

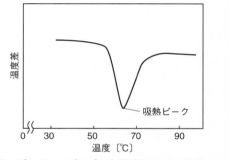

図　ジャガイモデンプン水懸濁液の DTA 曲線
デンプンの糊化による吸熱ピークが観察される．

9・2　熱力学の第二法則

9・2・1　エントロピーと第二法則

　ある変化，ここでは化学反応をおもに考えるが，それが自発的に起こるか，起こらないかを考えることは化学反応や生命現象を理解するうえで重要なポイントとなる．自発的な過程では，その変化過程をひき起こすために仕事を必要としない．逆にいえば，自発的に起こらない過程は，仕事をすることによって，つまりエネルギーを供給することによってひき起こすことが可能となる．自発的過程と非自発的過程を区別するのが**熱力学の第二法則**である．

　熱力学の第二法則では**エントロピー** S というものを導入する．エントロピーの微分（無限小の変化）を dS，ある系が吸収する熱量の微分（無限小の吸収量）を dQ，そのときの温度を T とすると，

$$dS = \frac{dQ}{T} \tag{9・4}$$

でエントロピーを定義する．(9・4)式を積分したものがエントロピーになり，その単位は $(J\,K^{-1})$ である．熱エネルギーが供給されると乱雑さが増大するので，エントロピーは分子的な乱れの尺度，つまり，ものやエネルギーが無秩序に分散している状況を表す尺度になる．温度が上がると分子の振動が大きくなることをイメージすればよい．この定義式から，エントロピー変化は同じ熱量が供給されても，そのときの温度が低いほど影響が大きく，温度が高いほど影響は小さくなる．比喩的にいうと，静かな環境では小さな音を響かせただけでも大きな音環境の乱れを生じるが，もともとにぎやかな環境に小さな音を加えてもほとんど影響しないというような感じである．温度の単位は，熱力学的単位（K）であり，水の三重点を 273.16 K として定義されている．

　可逆的な過程では $dS = dQ/T$ となるが，自然に起こる変化すなわち自発的過程，たとえば無色の水溶液の中に色素水溶液を入れると色素が自然に拡散して色が均一になるような変化は，不可逆的な変化で，

$$dS > \frac{dQ}{T} \tag{9・5}$$

となる．両者を合わせて，

$$dS \geqq \frac{dQ}{T} \tag{9・6}$$

と記述する．

　孤立した系の全エネルギーは一定（エネルギー保存の法則）であるが，ある方向に自発的に変化する場合，エネルギーの質の低下を伴う，つまりより広く分散して乱雑な形に変化しようとする．このことは，

　　　　　孤立系のエントロピーは自発的変化の間，増大する

と表現される．これを数学的に表すと，孤立系では熱は供給されず $dQ = 0$ なの

で, 次のようになる.

$$dS > 0 \qquad (9 \cdot 7)$$

つまり, 自然な過程ではエントロピーは増大するということである.

熱力学の第二法則は生命を理解するのに必須である. 生命活動は, 秩序崩壊 (乱雑さ増加) の自然な傾向 (自発的変化) に対抗して, エネルギー (食物など) を消費して秩序を保ち続けている過程と考えられる.

9・2・2 ギブズエネルギー

化学変化の方向性を考えるために, エントロピーを考慮したエネルギー (**自由エネルギーともいう**) を考える. これには**ギブズエネルギー** (ギブズの自由エネルギー) と**ヘルムホルツエネルギー** (ヘルムホルツの自由エネルギー) の2種類があり, ある圧力のもと (定圧下) の反応ではギブズエネルギーを, ある体積のもと (定容下) の反応ではヘルムホルツエネルギーを考える. われわれが通常考える反応は定圧下で, ある温度 (定温) のもと行われるので, ここではギブズエネルギーについて述べる.

ギブズエネルギー G は, エンタルピー H, 温度 T, エントロピー S を用いて

$$G = H - TS \qquad (9 \cdot 8)$$

と定義される. 前述したエンタルピーとエントロピーの両者を考慮するのがギブズエネルギーである. 反応が定温で起こるとするとギブズエネルギーの変化は,

$$\Delta G = \Delta H - T\Delta S \qquad (9 \cdot 9)$$

となる. 定圧の反応では, (9・3) 式より $\Delta H = \Delta Q$ であり, また自発的反応では熱力学の第二法則の (9・5) 式から $T\Delta S > \Delta Q$ なので,

$$\Delta G = \Delta Q - T\Delta S < 0$$

すなわち,

$$\Delta G < 0 \qquad (9 \cdot 10)$$

となる. 自発的反応では ΔG が負の値になる. つまり定温定圧では, ギブズエネルギーが減少する方向が自発的ということである. このような場合, 図9・1や図9・4(a) のように左側 (G_1) を高く右側 (G_2) を低く書き示す. エンタルピー変化が負 (発熱反応) で, エントロピーが増大 (乱雑さが増加) すれば ΔG が負の値になり, 反応は進行する. ΔH が正 (吸熱反応) もしくは ΔS が負 (乱雑さが減少) であっても, 両者の足し算である ΔG が負の値になれば反応は進行する. 図9・4(c) が逆 (ΔG が正) の場合で, G_1 から G_2 には自発的には進まず, G_2 から G_1 に進む反応が自発的になる. このエネルギー差以上のエネルギーを供給すれば, G_1 から G_2 にも反応は進行しうる. 平衡においては $\Delta G = 0$ となる (図9・4b).

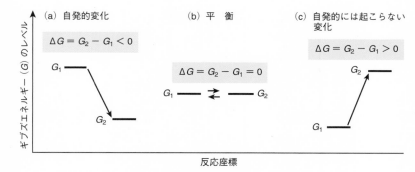

図 9・4　ギブズエネルギー変化（Δ*G*）と反応の方向性　(a) Δ*G*<0 のとき，正方向（右方向）の反応が自発的であり，これを**発エルゴン反応**（エキサゴニック反応）という．(b) Δ*G*=0 のとき，反応は平衡状態である．(c) Δ*G*>0 のとき，負方向（左方向）の反応が自発的であり，これを**吸エルゴン反応**（エンダーゴニック反応）という．

■ **例題 9・4**　37 ℃，標準条件（1 bar）下でグルコース 1 mol の燃焼からどれだけのエネルギーが得られるか．また，この反応は熱力学的に自発的に起こりうるかを考察せよ．この反応の標準エントロピー変化を +180 J K^{-1} mol^{-1}，標準反応エンタルピーを -2810 kJ mol^{-1} とする．ただし，熱力学温度は，T ＝摂氏温度 +273 とする．

　　解　答　定温定圧の反応なのでギブズエネルギー変化を考えて，

$$\Delta G = \Delta H - T\Delta S$$
$$= -2810 \text{ kJ mol}^{-1} - (273 + 37) \text{ K} \times 0.18 \text{ kJ K}^{-1} \text{mol}^{-1}$$
$$= -2865.8 \text{ kJ mol}^{-1}$$
$$\fallingdotseq -2870 \text{ kJ mol}^{-1}$$

したがって，グルコース 1 mol の燃焼で 2870 kJ のエネルギーが得られる．Δ*G* が負の値なのでこの反応は自発的に起こりうる（図 9・1 や図 9・4a のようになる）．また，エンタルピー変化だけ考えた場合よりも 60 kJ mol^{-1} ほど大きくなることも注意しよう．

　なお，熱力学には第三法則もある．$T=0$ のとき $S=0$ というのが第三法則である．$T=0$ のとき乱れがまったくない状態，熱運動のすべてのエネルギーがなくなった状態ということである．

9・3　化学平衡と熱力学

9・3・1　反応ギブズエネルギーと平衡定数の関係

　定温定圧における化学平衡の条件は，反応ギブズエネルギー Δ*G*＝0 となる．

　AとBが平衡関係にあるとすると，次式のように記述できる．

$$A \underset{k_{-1}}{\overset{k_1}{\rightleftharpoons}} B$$

k_1，k_{-1} はそれぞれ右向きと左向き方向への反応速度定数である．A，Bの濃度を C_A，C_B，平衡時のA，Bの濃度を C_{Aq}，C_{Bq} とすると，平衡状態では両者の速度は等しくなるので，

$$k_1 C_{Aq} = k_{-1} C_{Bq}$$

となり，平衡定数は $K = C_{Bq}/C_{Aq}$ と定義される．

ここで，反応ギブズエネルギー ΔG と平衡定数 K の関係を見ると，

$$\Delta G = \Delta G° + RT \ln K \qquad (9 \cdot 11)$$

と記述できる．$\Delta G°$ は標準反応ギブズエネルギー，R は気体定数，T は熱力学温度である．また，$\ln K$ は $\log_e K$ を意味する（付録 A・3 参照）．

$\Delta G < 0$ のときは A から B に向かう反応が自発的に起こり，そのとき放出されるエネルギーを使って他の反応を駆動できるということを意味し，$\Delta G > 0$ のときは，A から B に向かう反応は外部からエネルギーを投入しないと起こらないことを意味する（図 9・4 参照）．

平衡状態では $\Delta G = 0$ なので，

$$\Delta G° = -RT \ln K \qquad (9 \cdot 12)$$

となり，標準反応ギブズエネルギー $\Delta G°$ がわかれば，平衡定数が求まる．

■ **例題 9・5**　25 ℃ のときのある反応の標準反応ギブズエネルギー $\Delta G°$ が 57 kJ mol^{-1} であったとすると，この反応は自発的に起こりうるか．また，起こるとするとどのような条件で起こるか．ただし，$R = 8.31$ J K^{-1} mol^{-1}，熱力学温度 $T =$ 摂氏温度 $+ 273$，$\ln 10 = 2.303$ とする．

解　答　(9・11) 式より $\Delta G = \Delta G° + RT \ln K$ なので，ここに $\Delta G° = 57000$ J，$R = 8.31$ J K^{-1} mol^{-1}，$T = 273 + 25 = 298$ K を代入し計算する．

$$\Delta G = 57000 + 8.31 \times 298 \times 2.303 \log K$$
$$= 57000 + 5703 \log K$$
$$\fallingdotseq 57000 + 5700 \log K$$

> $\ln 10 = \log_e 10$，$\ln K = \log_e K$ であり，底の変換公式（付録 A・3 参照）より，
> $$\frac{\log_e K}{\log_e 10} = \log_{10} K \quad \text{すなわち，}$$
> $\ln K = \log_{10} K \times \ln 10$

自発的反応では $\Delta G < 0$ なので，

$$57000 + 5700 \log K < 0$$

なら反応は起こる．つまり，

$$\log K < -10$$

よって，$K < 10^{-10}$ なら自発的に起こる．

例題 9・5 より，仮に A $\rightleftharpoons$ B という反応を考えると反応原系 A の濃度がものすごく高いと，ほんのわずか，ごく微量の生成物 B ができうるが，自発的にはほぼ起こらないと考えてよい．

9・3・2　ルシャトリエの原理

次に，平衡に及ぼす濃度，圧力，温度などの影響について考える．これらの条件を変えると平衡が移動する．条件変化と平衡移動の間の関係を示すものを**ルシャトリエの原理（平衡移動の原理）**といい，表 9・1 にまとめた．平衡状態を決める変数の一つに変化を与えると，その変化により生じる影響をなるべく小さ

くする方向に平衡の移動が起こる．たとえば，温度を上昇させると熱を吸収する方向に平衡は移動する．圧力を高めると気体（体積）が減少する方向に移動する．

表 9・1　ルシャトリエの原理

平衡移動の方向	条　件	平衡移動の方向
増加させた物質の濃度が減少する方向	増加 ←　濃　度　→ 減少	減少させた物質の濃度が増加する方向
気体分子の総数（体積）が減少する方向	増加 ←　圧　力　→ 減少	気体分子の総数（体積）が増加する方向
吸熱の方向	増加 ←　温　度　→ 減少	発熱の方向

この関係を定量的に示したのが**ファントホッフの式**で，　$d \ln K / dT = \Delta H° / (RT^2)$ と表される．

■ **例題 9・6**　次の反応が化学平衡に達しているとして，一定温度で圧力を大きくすると平衡はどちらの方向に移動するか．また，一定圧力で温度を上げると平衡はどちらの方向に移動するか．ただし（g）は気体の状態を示す．

$$N_2(g) + 3H_2(g) \rightleftharpoons 2NH_3(g) + 92\ kJ$$

解　答　化学量論的には左辺の気体は 1+3＝4 mol で右辺の気体は 2 mol なので，圧力をかけると，気体の少ない方，すなわち右方向に移動する．

発熱反応なので，温度を上げると平衡は左に移動する[*1]．

*1　実際には温度を下げると反応速度が小さくなるため，触媒を用い温度は 400〜600 ℃，圧力は 10〜30 MPa 程度の条件で，NH_3 を合成している．

9・3・3　酸化還元と熱力学

第 8 章で酸化還元や電池について学んだが，酸化還元を熱力学的視点からもう少し考えてみよう．平衡に達していない電池は電気的仕事をなすことができる．電池の電位差を E (V)，反応ギブズエネルギーを ΔG ($J\ mol^{-1}$)，ファラデー定数を F ($C\ mol^{-1}$)，電子の化学量論数を ν とすると，

$$\Delta G = -\nu F E$$

という関係がある[*2]．この式と（9・11）式 $\Delta G = \Delta G° + RT \ln K$ より，

$$E = E° - \frac{RT}{\nu F} \ln K \tag{9・13}$$

が導かれる．これが**ネルンストの式**で，$E°$ を**標準起電力**という．

平衡に達した電池では，起電力は 0 になる．よって，（9・13）式から，

$$E° = \frac{RT}{\nu F} \ln K$$

となる．$E°$ を測定すれば，平衡定数が求まる．

*2　単位だけ抜き出すと，$J\ mol^{-1} = V\ C\ mol^{-1}$ となる．J＝CV なので両辺は等しいことがわかる．

起電力を測定することで溶液中の化学種の濃度を求めることができるため，この関係は pH 測定や平衡定数を求めるために使われる．pH メーターは，この原理に従い，試料液と電極内部液との間の水素イオン濃度の違いに基づく電位差を測定している．あらかじめ pH のわかっている標準液で測定しておいた起電力と比較すれば正確な値がわかる．また，水素イオン濃度が異なれば起電力（電気的エネルギー）が生じるということは，このエネルギーを化学的エネルギーに変換

することができることを示している．生体は膜の内外に生じた水素イオン濃度差
を利用して ATP を産生しているのである．

 9・4　化学反応速度

　食品の成分や体内に取込まれた栄養素は，化学反応を起こし絶えず変化してい
る．これらの成分が加工調理中や貯蔵中に変化する速度や，栄養素が取込まれ代
謝される速度などはさまざまであり，食品の品質保持や栄養素の代謝などを考え
るうえで**反応速度**を考えることは必須になる．ここでは，化学反応の速度論的な
取扱い方を学ぶ．たとえば，図9・1で示したグルコースの燃焼反応が実際に起
こるかどうかは反応速度を考える必要がある．

9・4・1　反応速度，反応速度定数，反応次数
　ある化学反応 $A+2B \longrightarrow 3X+Y$ を考えると，原料の消失速度と生成物の生成
速度は等しくなり，時間を t とすると，

$$- \frac{d[A]}{dt} = - \frac{1}{2} \times \frac{d[B]}{dt} = \frac{1}{3} \times \frac{d[X]}{dt} = \frac{d[Y]}{dt}$$

と記述できる．この値が**反応速度**である．これを一般式で示すと反応速度 v は，
ν_J を物質 J の化学量論数とすると，

$$v = \frac{1}{\nu_J} \frac{d[J]}{dt}$$

と定義される．

■ **例題9・7**　$A \longrightarrow 2X$ の反応速度を記述せよ．

解　答　$v = - \frac{d[A]}{dt} = \frac{1}{2} \times \frac{d[X]}{dt}$

　次に反応速度定数と反応次数について説明する．
　$A+B \longrightarrow P$ という反応を考え，その速度が反応原系（式の左側）の物質濃度
[A]，[B] に比例するとき，反応速度は，

$$v = k[A][B]$$

と記述できる．この比例定数 k を（**反応）速度定数**という．k は実験的に決定さ
れる．
　多くの反応では，

$$v = k[A]^a[B]^b \cdots$$

の形式の速度式になる．このとき，べき乗を足したもの $(a+b+\cdots)$ を**反応次数
（全次数）**といい，A については a 次，B については b 次というように表現する．
　反応次数が0のとき，0次反応といい，

$$v = k$$

となる. このとき基質濃度と関係なく, 反応速度は一定になる.

なお, 反応次数は, 反応に伴い基質や生成物の濃度がどう変化していくかを実験的に計測し求めるもので, 化学反応式だけから求まるものではない. 反応次数は, 反応速度と反応物の濃度の関係を示す値である. 次項以降に速度論的に取扱いやすく, また実際の食品成分変化や酵素反応を記述するうえで必要となる, **1次反応**と**2次反応**を示す.

9・4・2 1次反応

反応次数が1のとき1次反応になり, 反応速度は反応物質の濃度に比例する.

A $\longrightarrow$ X という反応を考え, k を速度定数とすると,

$$v = k\,[\mathrm{A}]$$

になる. つまり,

$$-\frac{\mathrm{d}[\mathrm{A}]}{\mathrm{d}t} = k\,[\mathrm{A}] \tag{9・14}$$

と記述できる. 1次反応定数 k の単位は〔時間$^{-1}$〕である. この形の反応速度式は, 食品の成分変化, 微生物の殺菌, 増殖など多くの分野で出てくるため, 大変重要である.

(9・14) 式は, $\mathrm{d}[\mathrm{A}]/[\mathrm{A}] = -k\mathrm{d}t$ と変形できる. これを積分して一般化する. Aの濃度を $t=0$ のとき $[\mathrm{A}_0]$, t のとき $[\mathrm{A}]$ とすると,

$$\ln \frac{[\mathrm{A}]}{[\mathrm{A}_0]} = -kt$$

$$\ln [\mathrm{A}] = -kt + \ln [\mathrm{A}_0] \tag{9・15}$$

となる*. 横軸を時間, 縦軸をAの濃度の対数とすると傾きが $-k$ の直線になる (図9・5a). 反応時間ごとにAの濃度を測定すれば, この傾きから k を求めることができる. (9・15) 式を常用対数で書くと,

> * $\ln \dfrac{\mathrm{X}}{\mathrm{Y}} = \ln \mathrm{X} - \ln \mathrm{Y}$ (付録A・3参照)

$$\log [\mathrm{A}] = -\frac{kt}{2.303} + \log [\mathrm{A}_0]$$

となる.

また, 1次反応速度の便利な指標に, 物質の**半減期**がある. 半減期は, Aの濃度が反応開始時の半分の濃度になったときの時間 $t_{\frac{1}{2}}$ と定義される. $t_{\frac{1}{2}}$ のとき, $[\mathrm{A}]/[\mathrm{A}_0] = 1/2$ であるから, (9・15) 式より, $-kt_{\frac{1}{2}} = \ln(\frac{1}{2})$, すなわち,

$$kt_{\frac{1}{2}} = \ln 2$$

よって,

$$t_{\frac{1}{2}} = \frac{\ln 2}{k} \tag{9・16}$$

もしくは,

$$t_{\frac{1}{2}} = \frac{0.693}{k}$$

となる（図9·5b）. 半減期が小さければ k は大きくなり, 反応が速く進むことを示す. 逆に半減期が大きければ k は小さくなり, 反応はゆっくり進むことになる.

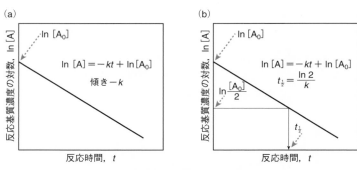

図 9·5 1次反応式(a)と半減期(b)

放射壊変: 放射性核種が放射線を放出してより安定な核種に変わること. この場合は長い時間をかけて徐々に ^{14}C が ^{14}N になる.

■ **例題9·8** ^{14}C の放射壊変の半減期は5730年である. ある考古学の試料に含まれていた木の中の ^{14}C は, 生きている木の72%しか含まれていなかった. 放射壊変が1次反応に従うとして, その試料の木は約何年前のものと予想できるか. ただし, $\ln 2 = 0.693$, $\ln 0.72 = -0.328$ とする.

解 答 この反応の速度定数を k, 半減期を $t_{\frac{1}{2}}$ とすると,

$$t_{\frac{1}{2}} = \frac{\ln 2}{k}$$

ここに $t_{\frac{1}{2}} = 5730$ (y) を代入すると,

$$5730 = 0.693/k$$
$$k = 0.693/5730 \text{ y}^{-1}$$

また, t 年後の ^{14}C の濃度を $[^{14}C]$, 0年時の ^{14}C の濃度を $[^{14}C_0]$ とすると

$$\ln [^{14}C] = \ln [^{14}C_0] - kt$$

よって,

$$t = -\frac{1}{k} \ln \frac{[^{14}C]}{[^{14}C_0]}$$

ここに k の値と, $[^{14}C]/[^{14}C_0] = 0.72$ を代入すると,

$$t = -(5730/0.693) \ln 0.72 = (5730/0.693)0.328 ≒ 2700 \text{ 年}$$

9·4·3 前駆平衡（定常状態近似）の速度論

2次反応にはいろいろなものがあるが, 中間体 I が原系物質 A, B と平衡に達する場合を考える.

$$A + B \underset{k_a'}{\overset{k_a}{\rightleftharpoons}} I \overset{k_b}{\longrightarrow} P$$

この場合, 次のような速度式が成り立つ.

$$\frac{\mathrm{d}[\mathrm{P}]}{\mathrm{d}t} = k_\mathrm{b}[\mathrm{I}] \tag{9・17}$$

$$\frac{\mathrm{d}[\mathrm{I}]}{\mathrm{d}t} = k_\mathrm{a}[\mathrm{A}][\mathrm{B}] - k_\mathrm{a}{}'[\mathrm{I}] - k_\mathrm{b}[\mathrm{I}] \fallingdotseq 0 \tag{9・18}$$

(9・18)式の後半部より，

$$[\mathrm{I}] \fallingdotseq \frac{k_\mathrm{a}[\mathrm{A}][\mathrm{B}]}{(k_\mathrm{a}{}' + k_\mathrm{b})} \tag{9・19}$$

(9・19)式を(9・17)式に代入すると，

$$\frac{\mathrm{d}[\mathrm{P}]}{\mathrm{d}t} = \frac{k_\mathrm{a}k_\mathrm{b}[\mathrm{A}][\mathrm{B}]}{(k_\mathrm{a}{}' + k_\mathrm{b})}$$
$$= k[\mathrm{A}][\mathrm{B}]$$

ただし，$k = k_\mathrm{a}k_\mathrm{b}/(k_\mathrm{a}{}' + k_\mathrm{b})$ となる.

　この考え方は，ミカエリス-メンテンの式（酵素の反応速度式）を考えるとき必要になる.

9・4・4　アレニウスの式

　反応速度定数の温度依存性について考える. 一般に高温の方が低温よりも速く化学反応は進む. これは，反応速度定数が温度に依存し，高温の方が一般に大きくなるからである. このことを示したのが**アレニウスの式**で，

$$k = A \exp\left(-\frac{E_\mathrm{a}}{RT}\right) \tag{9・20}$$

もしくは，

$$\ln k = \ln A - \frac{E_\mathrm{a}}{RT} \tag{9・21}$$

と記述できる. ただし，k を反応速度定数，R を気体定数，T を熱力学温度，E_a を**活性化エネルギー**，A を頻度因子とする.

　(9・21)式より横軸を温度の逆数（$1/T$），縦軸を速度定数の対数（$\ln k$）にとると直線になり（図9・6a），その傾き（E_a/R）から活性化エネルギー（E_a）が求められる.

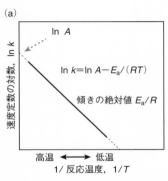
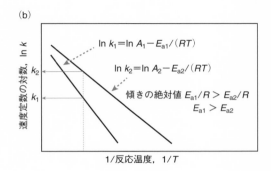

図 9・6　反応速度定数（k），反応温度（T），活性化エネルギー（E_a）の関係
アレニウスの式（a）と E_a の大きさが k に与える影響（b）

　　活性化エネルギーE_a が大きいと傾きの絶対値が大きくなり, E_a が小さいと傾きの絶対値が小さくなる. 傾きが小さいと温度を下げても反応がそれほど遅くならない. 逆にいえば, 温度を上げても反応がそれほど速くならない. 反対に, 活性化エネルギーE_a が大きいと速度定数が温度に強く依存するということを意味し, 温度を上げる効果が大きい (図9・6b). x 軸に平行 (傾きが 0) であれば, 反応速度は温度によらず一定ということになる. 頻度因子 ($1/T=0$, つまり温度を無限に上げたときのy 軸切片) が等しい反応どうしを比較すると, E_a が大きい方の反応速度が対数的に小さくなる.

　　活性化エネルギーを $50\,\mathrm{kJ\,mol^{-1}}$ としたときに反応温度を $10\,℃$ 上げると反応速度定数 k がどうなるかを示したのが表9・2である. 反応温度を $10\,℃$ 上げると k が約 2 倍 (1.81〜2.18) 上昇する.

表 9・2　反応温度を $10\,℃$ 上げたときの反応速度定数 k の変化
(活性化エネルギー$E_a=50\,\mathrm{kJ\,mol^{-1}}$ としたとき)

反応温度〔℃〕	0	10	20	30	40	50
反応温度〔K〕	273.15	283.15	293.15	303.15	313.15	323.15
$\exp\left(-E_a/RT\right)\times10^{10}$	2.742	5.968	12.32	24.23	45.66	82.72
比較する温度〔℃〕	－	0	10	20	30	40
反応温度が $10\,℃$ 上昇したときの k の比	－	2.18	2.06	1.97	1.88	1.81

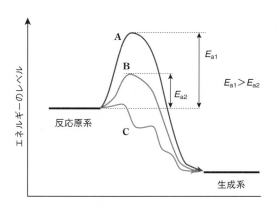

図 9・7　活性化エネルギーと反応　反応原系と生成系のエネルギー差が同じで, 活性化エネルギーが異なる反応A, B, Cがあったとする. Aの場合の活性化エネルギー (E_{a1}) に比べBの場合の活性化エネルギー (E_{a2}) は低く, Aに比べBの方が反応は起こりやすい. Cはさらに反応が起こりやすい.

　　活性化エネルギーとは, 生成系を生じるために反応原系がもたなければならない最小の運動エネルギーで, 図9・1や図9・4に示したように反応原系が生成系より高いエネルギーレベルをもっていても活性化エネルギーを越えないと生成系には至らない. 触媒は活性化エネルギーを下げる (図9・7の**A**を**B**にする) ことで反応速度を上げている. グルコースを室温に置いておいても二酸化炭素と水

にならないのは室温では活性化エネルギーを越えられないからである．生体はこの過程を多段階に分け，それぞれの段階に**酵素**を用いることで，活性化エネルギーを下げ，室温でも反応が進行するようにしている．概念的に示すと図9・7の **C** のようになる．

■ **例題9・9**　反応速度が 20 ℃ に比べ 30 ℃ で 2 倍になった．この反応の活性化エネルギーはいくらか．ただし，気体定数 R を $8.31\,\mathrm{J\,K^{-1}\,mol^{-1}}$，$\ln 2 = 0.693$ とする．

　解答　$\ln k = \ln A - E_a/(RT)$ より，20 ℃ と 30 ℃ のときの速度定数をそれぞれ k_1，k_2 とすると，

$$\ln k_1 = \ln A - \frac{E_a}{8.31 \times (273+20)}$$

$$\ln k_2 = \ln A - \frac{E_a}{8.31 \times (273+30)}$$

上式－下式より，

$$\ln \frac{k_1}{k_2} = - \frac{E_a}{8.31} \times \left(\frac{1}{293} - \frac{1}{303} \right)$$

$k_1/k_2 = 1/2$ なので，

$$\ln \frac{1}{2} = - \frac{E_a}{8.31} \times (0.00341 - 0.00330)$$

$$E_a = 0.693/0.000831 = 52.4\,\mathrm{kJ\,mol^{-1}}$$

> $\ln 2 = 0.693$ より，
> $\ln \dfrac{1}{2} = -0.693$

例題9・9より，室温付近で温度が 10 ℃ 上がると反応速度が 2 倍になる場合は，活性化エネルギーが $50\,\mathrm{kJ\,mol^{-1}}$ 程度である．

9・5　酵素反応の速度論

酵素反応の速度論を §9・4・3 の前駆平衡（定常状態近似）と同じように考え説明しよう．E を酵素，S を基質，P を生成物，ES を反応中間体（酵素と基質の複合体）として，以下の機構を**ミカエリス-メンテン機構**という．

$$\mathrm{A + S} \underset{k_a'}{\overset{k_a}{\rightleftarrows}} \mathrm{ES} \xrightarrow{k_b} \mathrm{P + E}$$

前駆平衡と同様に考えるため，(9・19)式が成り立つ．つまり，$k_a[\mathrm{E}][\mathrm{S}] = (k_a' + k_b)[\mathrm{ES}]$ であるので，

$$[\mathrm{ES}] = \frac{k_a[\mathrm{E}][\mathrm{S}]}{k_a' + k_b} \tag{9・22}$$

ここで酵素の全濃度を $[\mathrm{E}]_0$ とすると

$$[\mathrm{E}] + [\mathrm{ES}] = [\mathrm{E}]_0$$

$$[\mathrm{E}] = [\mathrm{E}]_0 - [\mathrm{ES}] \tag{9・23}$$

(9・22)式に(9・23)式を代入すると，

$$[\text{ES}] = \frac{k_a([\text{E}]_0 - [\text{ES}])[\text{S}]}{k_a' + k_b}$$

となり，これを [ES] で整理すると，

$$[\text{ES}] = \frac{k_a[\text{E}]_0[\text{S}]}{k_a' + k_b + k_a[\text{S}]}$$

> 分母分子ともに
> k_a で割る

$$[\text{ES}] = \frac{[\text{E}]_0[\text{S}]}{\dfrac{(k_a' + k_b)}{k_a} + [\text{S}]} \tag{9・24}$$

反応速度は $v = \mathrm{d}[\text{P}]/\mathrm{d}t = k_b[\text{ES}]$ であり，ここに (9・24) 式を代入して

$$v = \frac{\mathrm{d}[\text{P}]}{\mathrm{d}t} = \frac{k_b[\text{E}]_0[\text{S}]}{\dfrac{(k_a' + k_b)}{k_a} + [\text{S}]} \tag{9・25}$$

ここで酵素は触媒量で濃度は低く，基質濃度は大過剰でほとんど変化しない（$[\text{S}] = [\text{S}]_{\text{total}}$，一定）と考え，

$$K_m = \frac{(k_a' + k_b)}{k_a} \qquad \boxed{\text{ミカエリス定数}} \tag{9・26}$$

とおくと，(9・25) 式は次のようになる．

$$v = \frac{\mathrm{d}[\text{P}]}{\mathrm{d}t} = \frac{k_b[\text{S}][\text{E}]_0}{K_m + [\text{S}]} \tag{9・27}$$

　K_m の定義から，以下のことがわかる．

- K_m が大きい → k_a が小さい，$k_a' + k_b$ が大きい
  - → 基質と酵素の複合体をつくりにくい
  - → 酵素に対する親和性が低い
- K_m が小さい → k_a が大きい，$k_a' + k_b$ が小さい
  - → 基質と酵素の複合体をつくりやすい
  - → 酵素に対する親和性が高い

　(9・27) 式で，$[\text{S}] \gg K_m$ とすると，

$$v = \frac{k_b[\text{S}][\text{E}]_0}{[\text{S}]} = k_b[\text{E}]_0$$

となる．これは基質濃度が十分高いときには反応速度が一定であり，基質濃度に関して 0 次であることを示している（図 9・8a の基質が高濃度域）．$k_b[\text{E}]_0$ がこの系の**最大速度**（$V_{\max}$）で，k_b を**ターンオーバー数**（k_{cat}）という．
(9・27) 式と $V_{\max} = k_b[\text{E}]_0$ より，

$$v = \frac{V_{\max}[\text{S}]}{K_m + [\text{S}]} \qquad \text{ミカエリス-メンテンの式} \tag{9・28}$$

が導かれる．両辺の逆数をとり，$1/v$ と $1/[\text{S}]$ で整理すると，

$$\frac{1}{v} = \left(\frac{K_m}{V_{\max}}\right)\frac{1}{[\text{S}]} + \frac{1}{V_{\max}} \qquad \text{ラインウィーバー-バークプロット} \tag{9・29}$$

となる（図 9・8b）．

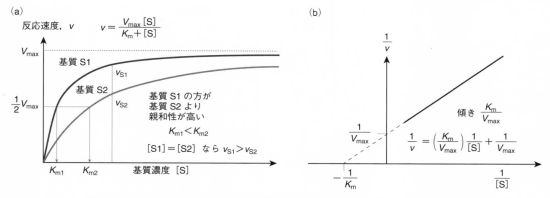

図 9・8 ミカエリス-メンテンの式(a)とラインウィーバー-バークプロット(b)

(9・28)式や(9・29)式で $v = \dfrac{1}{2} V_{max}$ とすると,

$$\frac{1}{2} V_{max} = \frac{V_{max}[S]}{K_m + [S]}$$

$$K_m + [S] = 2[S]$$

よって，$[S] = K_m$ すなわち最大速度（V_{max}）の 1/2 を示すときの基質濃度が K_m となる．同じ酵素に対して複数の基質があったとすると，K_m が小さい方が酵素との親和性が高く，V_{max} が同じであれば同じ基質濃度で反応速度が大きいことがわかる（図 9・8a）.

■ **例題 9・10** 図 9・8(b)において，$-1/K_m$，$1/V_{max}$ が図中で示した点になることを証明せよ.

解答 $\dfrac{1}{v} = \left(\dfrac{K_m}{V_{max}}\right)\dfrac{1}{[S]} + \dfrac{1}{V_{max}}$ において，$\dfrac{1}{v} = 0$ とすると，

$$\left(\frac{K_m}{V_{max}}\right)\frac{1}{[S]} + \frac{1}{V_{max}} = 0$$

$1/V_{max}$ で整理すると，

$$\frac{1}{V_{max}}\left(\frac{K_m}{[S]} + 1\right) = 0$$

となり，$\dfrac{K_m}{[S]} + 1 = 0$ である．よって，$-\dfrac{1}{K_m} = \dfrac{1}{[S]}$ と導き出せるため，図中の x 切片 $\left(\dfrac{1}{v} = 0\right)$ は $-\dfrac{1}{K_m}$ である.

また，$\dfrac{1}{[S]} = 0$ とすると，$\dfrac{1}{v} = \dfrac{1}{V_{max}}$ であるので，図中の y 切片 $\left(\dfrac{1}{[S]} = 0\right)$ は $\dfrac{1}{V_{max}}$ である.

■ **例題 9・11** 図 9・8(b)に，V_{max} が同じで，K_m が大きくなった場合の直線を書き入れよ.

解答 V_{max} が同じなので y 切片が同じになり，K_m が大きいと傾きが大きくなるので，赤い直線のようになる.

酵素阻害の機構

酵素反応の阻害には，不可逆的な阻害と可逆的な阻害がある．前者は，食品を加熱して酵素を失活変性させてしまうような阻害である．また，食品と薬の食べ合わせの注意でよく出てくるグレープフルーツ成分によるCYP（薬物代謝酵素）阻害も不可逆的な阻害である．

一方，生体内では可逆的に酵素の活性を制御する場合が多い．この可逆的な酵素阻害は，速度論的に**競合阻害，非競合阻害，不競合阻害**などに分けられる（それぞれ**拮抗阻害，非拮抗阻害，不拮抗阻害**ともいう）．

競合阻害は，阻害物質が基質に似ていて，基質分子と競合的に活性中心を取合うような阻害である．基質が阻害物質に対してはるかに高濃度になれば，同じ反応速度になるため V_{max} は変化せず K_m が大きくなる（図 a）．図 9・8 や例題 9・11 では二つの基質を比べていたが，見方を変えて K_{m1} を示すある基質が阻害物質により見かけ上 K_{m2} に変化する（$K_{m2} > K_{m1}$）ような阻害と考えるとこれは競合阻害である．たとえば，クエン酸回路の酵素であるコハク酸デヒドロゲナーゼ（コハク酸をフマル酸に酸化する酵素）はフマル酸の類似体であるマロン酸により競合阻害される．また，ボグリボースいう糖尿病の薬剤は，α−グルコシダーゼを拮抗的に阻害することで，食後血糖の急激な上昇を抑制する．

非競合阻害では，基質の結合部位とは異なる部位に阻害物質が結合することで酵素反応を阻害する．阻害物質は酵素と基質との結合には直接影響せずに酵素反応を抑えるので，K_m は変化せず V_{max} が小さくなる（図 b）．

不競合阻害は，基質と酵素の複合体に阻害物質が結合することで酵素反応を阻害する．図（c）のようになり，V_{max} が小さくなるが，K_m も小さくなる．

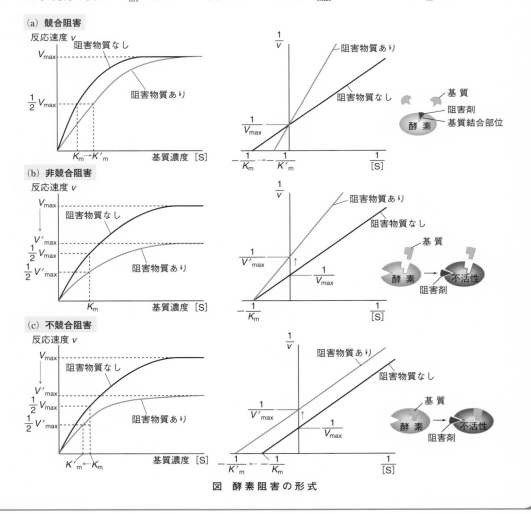

図 酵素阻害の形式

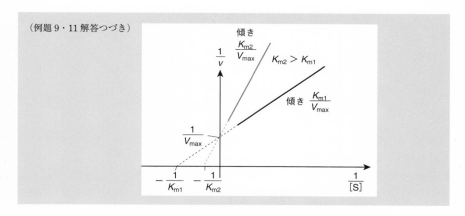

（例題 9・11 解答つづき）

なお，基質は同じで，ある物質を酵素反応液に添加して，例題 9・11 の赤線の
ようになった場合（添加していないときが黒線），その物質を競合的なもしくは
拮抗的な酵素阻害剤であるという（コラム参照）.

 ## 章 末 問 題

問題 9・1　1.5 g の角砂糖（スクロース，分子量 342）を空気中で燃やしたときに熱
として放出されるエネルギーを求めよ．ただし，スクロースの標準燃焼エンタル
ピー（1 mol 当たり 1 bar 下で完全燃焼したときに発生する熱量）を -5650 kJ mol^{-1}
とする．また，このエネルギーの 50% が仕事として利用できると仮定して，体重
65 kg の人がどれだけの高さに登れるか．ただし，質量 m kg，重力加速度 g m s^{-2}，
高さ h m とすると，位置エネルギーは mgh で求められ，重力加速度を 9.8 m s^{-2} と
する．

問題 9・2　次の文を読み，（1）〜（9）に適切な文字，語句，記号を入れよ．
"ギブズエネルギーは　$G =$（　1　）$- TS$ と定義される．ここで T は温度，S は
（　2　）である．G の単位は J であり，T の単位は K であり，S の単位は（　3　）で
ある．定温下でのギブズエネルギーの微小な変化は $\Delta G = \Delta$（　1　）$- T \Delta S$ となる．
A$\longrightarrow$B の反応を考えたとき，この反応が自発的に起こる条件は，ΔG（　4　）0 で
ある．また，ΔG（　5　）0 のとき，この反応は平衡状態になっている．この反応の
解離定数は $K_d =$[B]/[A] と書き表せる．ΔG と K_d との間には $\Delta G = \Delta G° + RT \ln$
（　6　）の関係がある．ここで，$\Delta G°$ は標準反応ギブズエネルギー，R は気体定数，
T は温度である．ΔG（　4　）0 であっても，実際ある温度でその反応が起こるかど
うかはわからない．それを判断するために重要なものが活性化エネルギーである．
活性化エネルギーE_a と反応速度定数 k の間の関係式を（　7　）の式といい，$k =$
$A \exp$（　8　）もしくは $\ln k = \ln A +$（　8　）と記述される．A は定数．温度上昇に伴
い対数的に k は大きくなるため，E_a が（　9　）なると，温度上昇の効果が大きくな
る．"

問題 9・3　ヒトは毎日食物の代謝により約 10000 kJ の熱を産生する．もし人体が水
と同じ比熱をもち，質量 60 kg の孤立系であったとすると，この熱はヒトの体温を
何 ℃ 上げられるものに相当するか．水の比熱を 4.2 J K^{-1}g^{-1} として考えよ.
　実際には人体は開放系（外部環境とエネルギーや物質の出し入れがある系）であ
る．食物から生み出されるエネルギーの 75% が体温維持や生体活動に使われてい

て，残りのエネルギーが水の蒸発に使われていると仮定すると，毎日どれだけの水が蒸発されていることになるか．ただし，水の標準蒸発エンタルピーを 44 kJ mol^{-1} とする．

問題 9・4　$6CO_2 + 6H_2O \longrightarrow C_6H_{12}O_6 + 6O_2$ の標準反応ギブズエネルギー ΔG° を 2880 kJ mol^{-1} とすると，この反応の平衡定数はいくらになるか．また，その逆反応の平衡定数はいくらか．どちらの向きの反応が自発的に起こるか．ただし，$R=8.31$ J K^{-1}mol^{-1}，$T=298$ K，ln 10＝2.303 とする．

問題 9・5　反応 $A + 2B \longrightarrow 3C + D$ の速度が 1.0 mol L^{-1} s^{-1} であった．各成分の生成速度，消滅速度はいくらか．

問題 9・6　ある細菌を 60 ℃ で加熱殺菌したところ，1 次反応式に従って生菌数が減少した．殺菌の速度定数を 0.040 s^{-1} とすると，最初の菌数が 1/10 または 1/10000 になるのにそれぞれ何秒かかると予想されるか．ただし，ln 10＝2.30 とする．

問題 9・7　チアミンを含む食品を 121 ℃ で 30 分レトルト殺菌したとする．この食品にはチアミンは何％残っていると考えられるか．ただしチアミンの分解は 1 次反応式に従うとし，その反応速度定数を 0.010 min^{-1} とする．ただし，ln 10＝2.30，$10^{0.870}=7.41$ とする．

問題 9・8　活性化エネルギーが 41.55 kJ mol^{-1} と 83.1 kJ mol^{-1} の反応を比べると速度定数の温度依存性はどのように違うか．ただし $R=8.31$ J K^{-1} mol^{-1} とする．

問題 9・9　カタラーゼは，過酸化水素が分解して酸素と水になる反応の速度定数を約 10^{12} 倍上昇させる．カタラーゼが活性化エネルギーをどれほど下げて，活性化エネルギーをどの程度にしているかを予想せよ．27 ℃（300 K）での過酸化水素分解の活性化エネルギーを 80 kJ mol^{-1}，$R=8.3$ J K^{-1} mol^{-1}，ln $10^{12}=28$ として計算せよ．

問題 9・10　ある基質のある酵素反応のミカエリス定数が 25 ℃ で 0.035 mol L^{-1} であった．また，その基質濃度が 0.11 mol L^{-1} のときの反応速度は 1.2×10^{-3} mol L^{-1} s^{-1} であった．この酵素反応の最大速度 V_{max} はいくらか．

問題 9・11　ある酵素反応の基質濃度と反応速度が以下のようであった．表の空欄を埋め，この酵素反応の K_m 値と V_{max} 値を求めよ．また，酵素の濃度を 10^{-9} mol L^{-1} とするとターンオーバー数 k_{cat} はいくらになるか．

基質濃度〔mmol L^{-1}〕	1.00	1.333	2.00	4.00	8.00
1/基質濃度〔mmol^{-1} L〕	(　　　)	(　　　)	(　　　)	(　　　)	(　　　)
反応速度〔μmol L^{-1} s^{-1}〕	1.00	1.25	1.67	2.50	3.33
1/反応速度〔μmol^{-1} Ls〕	(　　　)	(　　　)	(　　　)	(　　　)	(　　　)

10 測定と分析

10・1 定性と定量

10・1・1 定性分析

定性分析とは，試料にどのような物質が含まれているのかを同定すること，または特定の成分が含まれているのかどうかを調べる分析のことである．

試料に含まれている可能性がある物質が推定されている場合は，その物質に特有な分子量などの物理的な値や，化学的な性質に基づく特徴（分光学的吸収やスペクトル，クロマトグラフィーにおける挙動など）を，その物質の純品と比較することで存在を確認する．**スペクトル**とは情報や信号をその成分に分解し，成分ごとに大小，強弱に従って配列したもので，化学の分野で扱うものには紫外可視吸収スペクトルや質量スペクトルなどがある．**クロマトグラフィー**とは，固定相（担体）の表面あるいは内部を移動相が通過する過程で，固定層への分配，吸着，イオン交換などのために，移動相に含まれる物質の物理化学的性質により移動速度が異なることを利用した混合物の分離技術である．移動相の種類によって液体クロマトグラフィーやガスクロマトグラフィー，固定相の形態によって薄層クロマトグラフィーやカラムクロマトグラフィーなどの区別がある．クロマトグラ

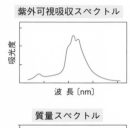

紫外可視吸収スペクトル

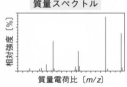

質量スペクトル

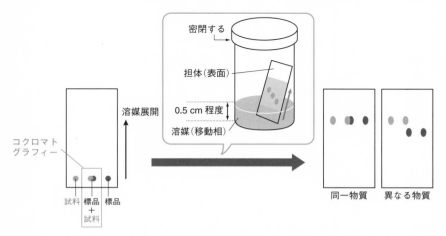

図 10・1　薄層クロマトグラフィーによる定性分析　薄層クロマトグラフィーはガラス板やアルミ箔の上に塗布したシリカゲルなどの薄層を固定相とする液体クロマトグラフィーである．溶媒（移動相）が毛管現象によりゆっくりプレート上の固定相を上がっていくとき，溶媒中に溶けている複数の化合物は，固定相との相互作用の強さの違いによって移動速度が異なるため分離される．

フィーによる挙動の一致の確認には，試料に純品を混ぜてクロマトグラフィーを行い，溶出位置が完全に一致し，単一のスポットや溶出ピークとして検出できることをみるコクロマトグラフィーという方法がよく用いられる（図10・1）．また，タンパク質や PCR 産物の電気泳動における特定のバンドの有無から検出対象のタンパク質や核酸の塩基配列の存在の有無を調べることも，定性分析といえる．なお，このような分析対象物質の同定に用いられる純品を，**標準物質**，または**標品**，**標準試料**などともよぶ．標準物質が入手できない希少なあるいは未知の有機化合物の場合は，質量分析スペクトル，核磁気共鳴スペクトル，赤外吸収スペクトルなどのスペクトル解析により構造決定を行う．ほかにも，タンパク質や核酸の場合には，アミノ酸配列や塩基配列の決定による同定法が用いられる．

特定の物質との反応性によってその物質の存在を確認する場合もあり，イムノクロマトグラフィーという分析対象物質の抗体を使った抗原抗体反応による特定の物質の検出は，各種の食物アレルゲンや食中毒毒素の検出のためのキットに利用されている．ゲル電気泳動で分離したタンパク質や核酸の試料を膜に転写して固定し，それに結合する標識抗体や特定の塩基配列をもつ標識核酸を指標として検出するブロッティング法も，特異的な反応を利用した定性分析の一種である．

PCR（polymerase chain reaction）：DNA ポリメラーゼとよばれる酵素の働きを利用して，特定の塩基配列に挟まれた領域の DNA を増幅させる反応．微量の試料から目的の DNA のみを増幅することができる．

10・1・2 定量分析

試料に含まれている特定の成分の量や濃度を知るための分析を**定量分析**という．定量分析には，抽出物や沈殿物の重さから試料中の含有量を算出したり，試

ランベルト‐ベールの法則と吸光光度分析による物質の定量

ある波長（λ）の光を吸収する物質について考える．波長 λ，強度 I_0 の入射光が，厚さ l cm の濃度 c mol/L の試料溶液を通過する間に一部吸収され，透過後の強度が I になった場合，下の式が成り立つ．

$$A = -\log_{10}\frac{I}{I_0} = \varepsilon l c$$

この A を吸光度とよび，吸光度 A が光路長 l に比例し（ランベルトの法則）かつ溶液濃度 c に比例する（ベールの法則）というこの式を**ランベルト‐ベールの法則**とよぶ．そして ε を波長 λ における**モル吸光係数**という．モル吸光係数は，物質に固有の値をとる．

この法則を利用して，ある物質について既知濃度である標準溶液の吸光度測定から得られた検量線を使って，未知濃度の試料溶液における吸光度から目的物質の濃度を求めることができる．

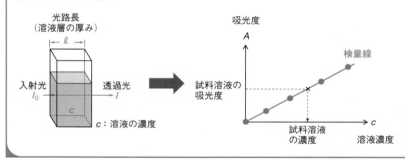

料を乾燥させたときに減った重量から水分量を推定するような**重量分析**や，滴定に要した溶液の容量から試料中の分析対象物質の濃度を推定する**容量分析**がある．また，特定の波長の光に対する吸収強度や，蛍光の発光強度，染色による発色強度などが物質の量や濃度と比例することを利用し，特定成分の試料中の量や濃度を推定する分光学的な方法がある．分光学的方法で定量を行う場合は，あらかじめ数段階の量や濃度に調製した標準物質を分析し，吸収強度や発光強度，発色強度と試料中の分析対象物質の量や濃度の関係を示す**検量線**の式を得ておく必要がある（p.140 コラム参照）．

　試料が混合物の場合は，定量対象物質と夾雑物をクロマトグラフィーなどで分離し，単品としてから定量を行うが，クロマトグラフィーの後に質量分析を行うガスクロマトグラフィー–質量分析（GC–MS）法や液体クロマトグラフィー–質量分析（LC–MS）法を用いた場合は，分離と定性分析，定量分析が一度に行える．

10・2　測定値の取扱い

10・2・1　確度と精度

　確度*とは，測定値（分析値）の真の値からのずれの程度のことをいう．測定値と真の値の差を**誤差**といい，誤差には**絶対誤差**と**相対誤差**がある．誤差が小さい場合，その分析は確度が高いという．

$$絶対誤差＝|測定値−真の値|$$

$$相対誤差＝\frac{|測定値−真の値|}{真の値}×100\,\%$$

*　日本工業規格(JIS)においては**真度**(trueness)とよばれる．確度は accuracy.

　分析法の確度の高さは，既知の量や濃度の標準物質を分析したときの理論値と観測値から求めた誤差の大きさから推定する．しかし，食品のような夾雑物を多く含むものを試料とする場合は，定量分析に先立って夾雑物を除く前処理が必要であり，その操作が分析値に影響するので，夾雑物のない純粋な標準物質の分析で求めた確度が実際の試料の分析の確度を反映していない場合が多い．そこで，分析法の確度の確認のために，前処理していない試料に標準物質を一定量添加し，添加した試料と無添加の試料を同時に測定してその差（回収量）を求め，回収量を添加量で割って回収率をみる**添加回収試験**が用いられる．前処理操作時の損失によって回収率が低くなる場合は，回収率を補正して分析値を求めるために，分析対象物質ときわめて物理化学的性質が近く，抽出時やクロマトグラフィーにおける挙動が似ている類縁物質を前処理前の試料に一定量加えておき，その類縁物質の検出量との比から前処理前の含有量を求める方法（**内部標準法**）がある．この回収率の補正用に加えられる類縁物質を**サロゲート物質**とよぶ．

　一方，**精度**とは，同じ測定（分析）を繰返したときの測定値のばらつきのことで，次の式で求められる**不偏分散**や，その平方根である**不偏標準偏差**として表される．

$$\text{不偏分散} \quad S^2 = \frac{\sum\limits_{i=1}^{n} (x_i - \bar{x})^2}{n-1}$$

$$\text{不偏標準偏差} \quad S = \sqrt{\frac{\sum\limits_{i=1}^{n} (x_i - \bar{x})^2}{n-1}}$$

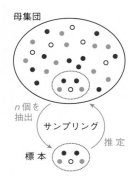

母集団

n個を
抽出

サンプリング

推定

標本

ここで，n は測定回数，x_i は i 回目の測定値，$\bar{x}$ は測定値の平均値である．

　測定は何回も行われるのが前提であるが，これは数回の限られた繰返し測定にすぎず，非常に大きな測定回数の**母集団**からの n 個の測定値のサンプリング結果（これを**標本**とよぶ）とみなされる．したがって，精度の推定に用いられる分散や標準偏差は，分母を n として求めた母集団の数が n の場合の分散や標準偏差ではなく，n 個のサンプリング値から求める大きな母集団の分散や標準偏差の推定値としての分母を $n-1$ とした不偏分散や不偏標準偏差である．不偏分散や不偏標準偏差を単に**分散**や**標準偏差**とよぶことも多い．なお，測定値の平均値が大きくなると，測定値の分散や標準偏差は大きくなるので，確度を相対誤差で表すように，次の式で求められる**相対標準偏差**で精度を示すことも多い．

RSD：relative standard deviation

$$\text{相対標準偏差} \quad \text{RSD}（\%） = \frac{S}{\bar{x}} \times 100$$

　確度と精度を合わせたもの**精確さ**といい，確度も精度も高い精確な測定が望ましい．

10・2・2　有効数字

公差：許容される誤差の範囲のこと

　測定値の信頼性が保証される桁数は，測定に用いた計量器具の公差や分析の精度に依存する．測定値は，信頼性が保証される桁数より一桁多い桁数で表し，この桁数を**有効数字**とよぶ．すなわち，有効数字の最後の桁には誤差が含まれる．

> ■ **例題 10・1**　容量 2 mL のホールピペットの公差は ±0.02 mL である．このホールピペットではかりとった試料溶液の容積を有効数字で表すと （a）〜（d） のどの数値となるか．
> （a）2 mL　　（b）2.0 mL　　（c）2.00 mL　　（d）2.000 mL
> 　**解 答**　小数点以下 2 桁目に公差 ±0.02 mL を誤差として含むことになるので，有効数字を考慮して記述すると （c） の 2.00 mL となる．なお，<u>最後の桁の数値</u>が 0 であっても省略せずに書く．これは，有効数字の桁数がわかるようにするためである．

　なお，電子天秤や分光光度計など測定値がデジタル表示される場合は，一般に表示される数値の桁数までが有効数字となるように設計されている．

　ある数値を有効数字 n 桁の数値にする場合は，（$n+1$）桁目を四捨五入する．

ただし，$(n+1)$桁目が5で$(n+2)$桁目がない場合は，n桁目が偶数のときは切り捨て，奇数のときは切り上げる．

> ■ **例題 10・2**　以下の数値を有効数字3桁に丸めよ．
> 　1) 1.456　　2) 8.3745　　3) 3.335　　4) 6.245
> 　**解　答**
> 　1) 1.46（4桁目が6なので切り上げる）
> 　2) 8.37（4桁目が4なので切り捨てる）
> 　3) 3.34（4桁目が5で5桁目がなく，3桁目が3と奇数なので切り上げる）
> 　4) 6.24（4桁目が5で5桁目がなく，3桁目が4と偶数なので切り捨てる）

　有効数字のある測定値どうしの足し算や引き算によって求める値の有効数字は，小数点以下の桁数が最も少ないものに合わせる．掛け算や割り算の場合は，有効数字の桁数が最も少ないものに合わせる．なお，計算が完全に終了するまで数値を丸めないことが重要である（電卓などで計算した場合は，最後の計算値をルールに従った有効数字の桁数にすればよい）．

> ■ **例題 10・3**　以下の有効数字で表した測定値の計算結果を求めよ．
> 　1) $4.36+1.8853-0.298=$
> 　2) $0.0568×100.25÷3.366=$
> 　**解　答**
> 　1) そのまま計算すると5.9473という数値が得られるので，小数点以下の桁数が最も少ない4.36の小数点以下2桁に合わせて値を丸める．よって，5.95となる．
> 　2) そのまま計算すると1.6916815…となるが，有効数字の桁数が最も少ない0.0568の3桁に合わせて答えは3桁とする．よって，1.69が解となる．なお，0.0568の0.0は位取りのための数値で，その数値自身は意味をもたない．よって0.0568の有効数字は3桁と判断する．

10・2・3　検出限界と定量限界

　定量分析法においては，**検出限界（検出下限**，limit of detection；LOD）と**定量限界（定量下限**，limit of quantification；LOQ）が存在する．分析法のLODやLOQは分析の精度をもとに，つまり繰返し分析における値のばらつきに関する統計学的数値をもとに決められる．たとえば，分析対象物質をLOQ付近の濃度に調製（添加）した試料を繰返して分析し，下式より求める方法がある．

$$検出限界　LOD = 2 \times t(n-1, 0.05) \times s$$
$$定量限界　LOQ = 10 \times s$$

ここで$t(n-1, 0.05)$は，有意水準0.05，自由度$n-1$の片側t値*，nは分析回数，sは分析値の不偏標準偏差である．なお，実試料のクロマトグラフィーなど

四捨五入は不公平？　$(n+1)$桁目が5で$(n+2)$桁目が不明なとき，真の数値は$(n+1)$桁目が4で$(n+2)$桁目が5〜9の数値である場合と，$(n+1)$桁目が5で$(n+2)$桁目が0〜4の数値である場合とが考えられる．前者の場合，四捨五入でn桁に数値を丸める際に本来は切り捨てすべきだが，$(n+1)$桁目が5だからとこれを切り上げてしまうと，値を丸めたことに由来する真の値とのずれである**丸め誤差**を大きくしてしまう．そこで，n桁目の数値が偶数なら切り捨て，奇数なら切り上げとして，切り捨てと切り上げ確率を均等にすることにより，丸め誤差を抑えようとするのである．

*　7回繰返し分析，すなわち$n=7$の場合，$t(n-1, 0.05) = t(6, 0.05) = 1.943$となり，LODは分析値の不偏標準偏差の約4倍となる．

の分析においては，クロマトグラムのノイズを基準に，ノイズレベルの3倍を
LOD，10倍をLOQとみなすことも多い．LODやLOQの値が低い分析法は感度
が高いと表現される．

　分析結果の値がLOD未満の場合はその物質は不検出とみなされ，LOD以上で
LOQ未満であれば，検出された量を明確に決めることはできず，"LOQ未満の
量が検出された"ということになる．定量値を決められるのは，分析値がLOQ
以上となった場合である．よって，定量分析の結果の報告は，LODおよびLOQ
と有効数字を意識してなされなければならない．

　章 末 問 題

問題10・1　以下の記述の分析で定量分析とみなせるものはどれか．記号を答えよ．
　a）ポリアクリルアミドゲル電気泳動で35 kDaのタンパク質のバンドが認められ
　　た．
　b）液体クロマトグラフィーで求めた茶試料中のエピガロカテキンガレートの濃度
　　は520 ppmであった．
　c）イムノクロマトグラフィーにより，10 gのハンバーグパテの抽出物中に卵のア
　　レルゲンであるオボアルブミンが検出された．
　d）波長280 nmにおける吸収ピークの存在から，試料中のペプチドは芳香族アミ
　　ノ酸を含むものであると判断した．
　e）センサーを用いて自己測定した血糖値は140 mg/dLであった．
　f）モル吸光係数をもとに波長280 nmにおける吸収ピーク強度から求めた試料中の
　　チロシンの濃度は49.8 mMであった．

問題10・2　以下の有効数字で表した測定値の計算結果を求めよ．
　1）$4.5573 - 0.33 =$
　2）$(5.7665 - 5.2724) \div 1.57 =$
　3）$1.006 \times 13.88 \times 2.5 =$

問題10・3　ガスクロマトグラフィー–質量分析法において，同じ試料を7回分析し
　て得られた値の平均値は23.2 mg/Lで，不偏標準偏差は1.16 mg/Lであった．この
　分析法におけるこの試料の定量限界値を求めよ．

付録　単位と簡単な数学

A・1　基本的な単位

単位とは，ある量を数値で表すための基準となる，約束された一定量のことである．代表的なものとして，**質量，温度，時間**などがある．約束事なので，定義が変わったり，国や時代により異なったりするので注意が必要である．

物理的な**国際単位系**（SI）では，基本的な七つの単位を定義し，長さの単位をメートル（m），質量の単位をキログラム（kg），時間の単位を秒（s）などと決めている（表 A・1）．書き方も国際的に決められていて，"体重は 61.3 kg である"のように数値（この場合 61.3）の後に半角を 1 マスあけ，その後に単位（この場合 kg）を書く．

単位には接頭語（接頭辞）がつくことが多い．これは数値の桁数を簡略にするためのものである．たとえば，1000 m を 1 km と書くときの k が接頭語になる．表 A・2 に接頭語の例を示す．

また，**次元**の記号が別に定められている（表 A・1 参照）．たとえば長さは m が基本単位になるが，mm も cm も km も長さである．この場合，長さとしての次元はみな等しく L であるという．面積の次元は L^2，体積の次元は L^3 ということになる．物理量の大小が比較できるのは次元が同じときだけである．基本的なことであるが忘れがちなので注意しよう．

また，次元をもっていない量を**無次元量**という．単に数学的な数字や個数など以外にも，同じ次元をもつ物理量の比で定義された量などは無次元量になる．比重 ［ある物質の密度（単位体積当たりの質量）と基準となる物質（水）の密度の比］，原子量［原子 1 個の質量に対する統一原子質量単位（炭素 12 原子の質量の 12 分の 1）に対する比］，モル分率（ある成分の物質量と全成分の物質量の比），ラジアン（円周上の長さと半径の比）などが無次元量である．

表 A・1　SI の基本単位

量	基本単位		次元の記号
	名　称	記　号	
長　さ	メートル	m	L
質　量	キログラム	kg	M
時　間	秒	s	T
電　流	アンペア	A	I
熱力学温度	ケルビン	K	Θ
物質量	モル	mol	N
光　度	カンデラ	cd	J

2019 年に発効した再定義において，kg, A, K, mol の定義が根本的に改定されたが，本書で使用するような実用的な数値計算では従来と違いは生じない．

表 A・2　単位の接頭語の例

接頭語	読　み	意　味	接頭語	読　み	意　味
T	テラ	10^{12}	d	デシ	10^{-1}
G	ギガ	10^9	c	センチ	10^{-2}
M	メガ	10^6	m	ミリ	10^{-3}
k	キロ	10^3	μ	マイクロ	10^{-6}
h	ヘクト	10^2	n	ナノ	10^{-9}
da	デカ	10^1	p	ピコ	10^{-12}

Da（ドルトン）って何？

Da は統一原子質量単位の別名で，原子，分子，生体高分子などの質量を表す単位である．質量というところを忘れてはいけない．原子量や分子量と数値上等しくなるが，これらは相対値（無次元量で単位はない）で質量ではない．たとえば，あるタンパク質の分子量は 10000 Da であるとか 10 kDa であるとかいう表現は正しくない．電気泳動のマーカーを示すときなどに Da 単位で表したいときは分子量と書くのは不適切で，質量（もしくは分子質量）と書くのが正しい．分子量と書くのであれば，Da のような質量単位をつけてはいけない．

■ A・2　組立単位

組立単位とは，基本単位を組合わせてつくることができる単位で，多くの単位がこれにあたる．表 A・3に組立量とその単位の例を示す．高校の物理で習ったように，速度は単位時間当たりにどれだけ進むか（長さの変化量）なので，単位は $m\,s^{-1}$ になる．力の単位はニュートン（N）というが，1 N は 1 kg の物体を加速度 $1\,m\,s^{-2}$ で運動させる物理量と定義されるので，$N = kg \times m\,s^{-2} = m\,kg\,s^{-2}$ ということになる．エネルギー（仕事，熱量）の単位はジュール（J）であるが，仕事の定義（1 N の力がその方向に物体を 1 m動かすときの物理量）から $J = N\,m$ ということになる．N を SI 基本単位で表すと $m\,kg\,s^{-2}$ なので，J を SI 基本単位で表すと，$m\,kg\,s^{-2} \times m = m^2\,kg\,s^{-2}$ になる．また，電気の分野では 1 ジュールは，1 ボルトの電圧の中で 1 クーロンの電荷に必要な仕事と定義する．クーロンとボルトの基本単位を掛け合わせると，$s\,A \times m^2\,kg\,s^{-3}\,A^{-1} = m^2\,kg\,s^{-2}$ となり，これは先に述べたジュールの単位と同じになる．つまり，$J = C\,V$ であることがわかる．

エネルギーの SI 単位は J であるが，従来単位としてカロリー（cal）を用いる場合もある．この場合，換算係数が必要になる．3 桁で計算する場合は 1 cal ＝ 4.18 J もしくは 1 J ＝ 0.239 cal として換算する（第 9 章p.119 コラム参照）．

表 A・3　組立量（単位）の例

組立量	単位		他の SI 単位での表記	SI 基本単位での表記
速　度				$m\,s^{-1}$
加速度				$m\,s^{-2}$
力	ニュートン	N		$m\,kg\,s^{-2}$
圧力・応力	パスカル	Pa	$N\,m^{-2}$	$m^{-1}\,kg\,s^{-2}$
エネルギー・仕事・熱量	ジュール	J	$N\,m$	$m^2\,kg\,s^{-2}$
仕事率	ワット	W	$J\,s^{-1}$	$m^2\,kg\,s^{-3}$
電荷・電気量	クーロン	C		$s\,A$
電位差, 電圧, 起電力	ボルト	V	$W\,A^{-1}$	$m^2\,kg\,s^{-3}\,A^{-1}$
電気抵抗	オーム	Ω	$V\,A^{-1}$	$m^2\,kg\,s^{-3}\,A^{-2}$

■ **例題 A・1**　10000 kJ は何 kcal になるか．1 cal ＝ 4.18 J として計算せよ．

解　答　$10000\,kJ = \dfrac{10000\,kJ}{4.18\,J/cal}$
$= 2392.3\cdots kcal$

よって，2390 kcal となる．

■ **例題 A・2**　1 日に食べ物を食べ，約 2000 kcal を消費するとする．これは何 W の仕事率（単位時間当たりにエネルギーがどれだけ使われるか）に相当するか．ただし，1 cal ＝ 4.18 J とする．

解　答　$\dfrac{2000\,kcal}{24\,h} = \dfrac{2{,}000{,}000\,cal \times 4.18\,J/cal}{24 \times 60 \times 60\,s}$
$= 96.75\cdots J/s$

よって，約 97 W に相当する．

■ A・3　指数と対数
——常用対数と自然対数

1, 10, 100, 1000, 10000 を**べき乗**（10 の何乗という書き方）で表記すると 10^0, 10^1, 10^2, 10^3, 10^4 となる．このときの 10 の上に書いた数値，0, 1, 2, 3, 4 を**指数**という．つまり，10^x や 2^x の x のことを指数という．また，このとき 10 や 2 を底とよぶ．

■ **例題 A・3**　1, 2, 4, 8, 16 を，2 を底としてべき乗で表記せよ．またそのときの指数は何か答えよ．

解　答　$1 = 2^0$, $2 = 2^1$, $4 = 2^2$, $8 = 2^3$, $16 = 2^4$

これらの指数はそれぞれ，0, 1, 2, 3, 4 である．

$y = 10^x$ や $y = 2^x$ という関係が x と y の間にある（これを**指数関数**という）とき，

$$x = \log_{10} y \qquad や \qquad x = \log_2 y$$

と表記する（書き方の約束事）．このように表記した場合，x を 10 を底とする y の対数もしくは x を 2 を底とする y の対数という．このような関係の関数を**対数関数**とよぶ．なお，指数関数と対数関数との関係のように，x と y の役割を入れ替えて，同じ対応関係を逆からみた関数を**逆関数**という．

■ **例題 A・4**　次の指数表記を，対数を用いた表記に改めよ．

a) $2^7 = 128$　　b) $10^6 = 1{,}000{,}000$　　c) $a^b = c$

解　答　a) $\log_2 128 = 7$, b) $\log_{10} 1{,}000{,}000 = 6$, c) $\log_a c = b$

■ **例題 A・5**　10 を底としたとき，1000 の対数はいくつになるか．

解　答　$1000 = 10^3$ なので，対数は 3．

$y = 10^x$ を対数で表記すると $x = \log_{10} y$ となる．表 A・4 に x を 0, 1, 2, 3 としたときの y と $\log_{10} y$ を示す．

表 A・4　$y=10^x$ および $\log_{10}y=x$ の数値例

x	y	y のべき乗表記	$\log_{10}y$
0	1	10^0	0
1	10	10^1	1
2	100	10^2	2
3	1000	10^3	3

表A・4を図示すると図A・1のようになる．(a) は指数関数で，(b) は同じ数値を対数関数として表記したものである．指数関数的に増加するものは，対数で表記すると直線になる．この場合は y が10倍違うごとに同じ間隔になっている．

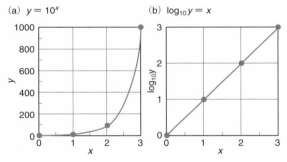

(a) $y=10^x$　　(b) $\log_{10}y=x$

図 A・1　指数関数(a)と対数関数(b)

以下に指数や対数の基本的な性質（公式）を示す．ただし a, b は正とする．忘れていれば高校の数学を復習してほしい．

$$a^r a^s = a^{r+s}$$
$$(a^r)^s = a^{r \times s}$$
$$(ab)^r = a^r b^r$$

$$\log_a PQ = \log_a P + \log_a Q$$

$$\log_a \left(\frac{P}{Q}\right) = \log_a P - \log_a Q$$

$$\log_a P^t = t \log_a P$$

$$\log_a P = \frac{\log_b P}{\log_b a} \quad \text{（底の変換公式）}$$

■ **例題 A・6**　ある化合物を室温で放置しておくと自然に分解して，その量が1分後に1/2，2分後に1/4，3分後に1/8のように，1分ごとに2分の1になったとする．100分後にもとの量の何分の1になっているか．ただし，$\log_{10}2=0.301$, $10^{0.1}=1.26$ とする．

解答　100分後にはもとの量の $\frac{1}{x}$ になったとすると，

$$\frac{1}{x} = \left(\frac{1}{2}\right)^{100}$$

両片の対数をとると，

$$\log_{10}\left(\frac{1}{x}\right) = \log_{10}\left(\frac{1}{2}\right)^{100}$$
$$-\log_{10}x = -100\log_{10}2$$
$$\log_{10}x = 100 \times 0.301$$
$$x = 10^{30.1}$$
$$x = 10^{0.1} \times 10^{30}$$
$$x = 1.26 \times 10^{30}$$

よって，(1.26×10^{30}) 分の1になる．

e とは何か．そして対数の微分．

高校の数学の教科書を見直してほしい．

$\lim_{h \to 0}(1+h)^{\frac{1}{h}}$ というものがある値に収束し，その値を e とよぶ．h を 1, 0.1, 0.01, 0.001 として $(1+h)^{\frac{1}{h}}$ を実際に計算していくと，それぞれ 2, 2.59374…, 2.70481…, 2.71692… となり，その値が 2.71828…（この無理数が e；ネイピア数）に収束していくことがわかる．

$y = \ln x$ を微分することを考える．$\ln x$ の微分を $(\ln x)'$ と書くと，微分の定義から，

$$(\ln x)' = \lim_{\Delta x \to 0} \frac{\ln(x+\Delta x) - \ln x}{\Delta x}$$
$$= \lim_{\Delta x \to 0} \frac{1}{\Delta x} \ln\left(1+\frac{\Delta x}{x}\right)$$

ここで $\frac{\Delta x}{x} = h$ とおくと，

$$(\ln x)' = \lim_{h \to 0} \frac{1}{hx} \ln(1+h)$$
$$= \frac{1}{x} \lim_{h \to 0} \ln(1+h)^{\frac{1}{h}}$$

ここで $\lim_{h \to 0}(1+h)^{\frac{1}{h}} = e$ （e の定義）なので，

$$(\ln x)' = \frac{1}{x} \ln e$$

$\ln e = 1$ であるので，

$$(\ln x)' = \frac{1}{x}$$

したがって，$\ln x$ を微分すると $\frac{1}{x}$ になる．

対数の底は正であればどのような数値をとってもよいが，実際よく使われる底は2種類である．一つは10を用いるもので，この対数関数 $\log_{10}x$ を**常用対数**という．底の10を省略して $\log 100 = 2$ のように表記することもある．もう一つは**自然対数**で，e という無理数（2.71828…）を底とする $\log_e x$ という対数関数

である．これは ln という形でも表記され，ln 3 と記せば $\log_e 3$ のことである（注: 底を省略する $\log x$ の表記は分野によって異なり，数学系では $\log_e x$ のことを $\log x$ と略して表記されている）．

常用対数と自然対数は底が違うだけなので底の変換で相互に換算可能であり，自然科学分野では自然対数が多用される．それは微分積分とかかわっており，$\ln x$ を微分すると $\frac{1}{x}$ になる．逆にいえば $\frac{1}{x}$ を積分すると $\ln x$ ＋定数になる．つまりそのようになる底が存在し，それを e とよんでいると理解してよい．常用対数で微分積分すると余計な係数が生じるが，自然対数ではこのように単純な形になるため，自然対数が用いられている．また，e^x を微分すると e^x になるという重要な性質もある．

■ **例題 A・7**　$\ln e = 1$, $\log 10 = 1$ である．$\ln 10 = 2.303$ とすると $\log e$ はいくつになるか．

　解答　$\log e = \log_{10} e = \dfrac{\log_e e}{\log_e 10} = \dfrac{\ln e}{\ln 10}$

$$= \frac{1}{2.303} = 0.434$$

■ A・4　微分と積分の公式

微分を（〜）′ の形式で書き，微分の公式を復習すると，次のようなものがある．

$$(定数)' = 0$$
$$(x^n)' = nx^{n-1} \ (n \neq 0)$$
$$(e^x)' = e^x$$
$$(\ln x)' = \frac{1}{x}$$
$$(a^x)' = a^x \ln a$$

積の微分　$\{f(x)g(x)\}' = f'(x)g(x) + f(x)g'(x)$

商の微分　$\left\{\dfrac{f(x)}{g(x)}\right\}' = \dfrac{f'(x)g(x) - f(x)g'(x)}{\{g(x)\}^2}$

合成関数の微分　$\{f(g(x))\}' = f'(g(x))g'(x)$

また，積分の基本定理は次のようになる．
$F'(x) = f(x)$ のとき，

$$\int_p^q f(x)\,\mathrm{d}x = F(q) - F(p)$$

次の形の 1 階微分方程式を変数分離法で解くと，
$\dfrac{\mathrm{d}y}{\mathrm{d}x} = P(x)Q(y)$ のとき，

$$\int_{y_0}^{y} \frac{\mathrm{d}y}{Q(y)} = \int_{x_0}^{x} P(x)\,\mathrm{d}x \qquad (x = x_0 \text{ のとき } y = y_0)$$

■ **例題 A・8**　$(e^x)' = e^x$ を証明せよ．

　解答　$e^x = y$ とおくと，
$$\ln y = x$$
両辺を y で微分すると，
$$\frac{1}{y} = \frac{\mathrm{d}x}{\mathrm{d}y}$$
$$\frac{\mathrm{d}y}{\mathrm{d}x} = y$$
したがって，$(e^x)' = e^x$ となる．

■ **例題 A・9**　$\dfrac{\mathrm{d}x}{\mathrm{d}t} = Ax$ を解け．ただし，$t = 0$ のとき x_0 とする．

　解答　変数分離法で解く．$\dfrac{\mathrm{d}x}{x} = A\mathrm{d}t$ となる．これを積分して，

$$\int_{x_0}^{x} \frac{\mathrm{d}x}{x} = \int_0^t A\mathrm{d}t$$

$(\ln x)' = \dfrac{1}{x}$ なので，

$$\ln x - \ln x_0 = At$$
したがって，$\ln x = At + \ln x_0$ となる．

この例題は 1 次反応速度式で出てくるので，理解しておくとよい．

章末問題の解答

第1章　原子の構造と周期表

問題1・1　a) 炭素 $_6$C, b) 窒素 $_7$N, c) フッ素 $_9$F, d) ネオン $_{10}$Ne, e) マグネシウム $_{12}$Mg, f) アルミニウム $_{13}$Al, g) 塩素 $_{17}$Cl, h) カリウム $_{19}$K, i) カルシウム $_{20}$Ca, j) マンガン $_{25}$Mn, k) 鉄 $_{26}$Fe, l) 銅 $_{29}$Cu, m) 亜鉛 $_{30}$Zn

問題1・2　a) 1個, K殻, b) 2個, K殻, c) 4個, L殻, d) 5個, L殻, e) 7個, L殻, f) 2個, M殻, g) 3個, M殻, h) 7個, M殻, i) 8個, M殻, j) 1個, N殻, k) 2個, N殻

問題1・3　a) 非金属元素, b) 非金属元素, c) 非金属元素, d) 非金属元素, e) 典型金属元素, f) 典型金属元素, g) 典型金属元素, h) 非金属元素, i) 典型金属元素, j) 典型金属元素, k) 遷移金属元素, l) 遷移金属元素, m) 遷移金属元素, n) 遷移金属元素, o) 遷移金属元素, p) 典型金属元素, q) 典型金属元素

第2章　化学結合

問題2・1

a) 金属結合　　　　　b) 共有結合

c) 共有結合　　　　　d) イオン結合

e) 金属結合　　　　　f) 共有結合

g) イオン結合

h) イオン結合, 共有結合, 配位結合

問題2・2

塩化水素

$$H\!:\!\ddot{\underset{\cdot\cdot}{Cl}}\!: \longrightarrow H-Cl$$

酢酸

エタノール

問題2・3　$HCCl_3$, H_2CO_3, HI, NH_3

第3章　有機化合物—特徴と立体化学

問題3・1　a) エステル, b) アミノ基, ヒドロキシ基, c) ヒドロキシ基, カルボキシ基, d) アミノ基, カルボキシ基

問題3・2

D-ガラクトース　　　　　α-D-ガラクトース
（直鎖形）

問題3・3　グリセロール, オレイン酸（×3）

問題3・4　システイン（C）, ヒスチジン（H）, グルタミン酸（E）, メチオニン（M）, イソロイシン（I）, セリン（S）, トレオニン（T）, アルギニン（R）, チロシン（Y）

問題3・5　ペプチド結合が加水分解される条件では, グルタミン, アスパラギンの側鎖にあるアミド結合も加水分解されてカルボキシ基とアンモニアを生成するため.

問題3・6　5′-TCATTCGGCAT-3′

第4章　さまざまな元素と無機物質

問題4・1　（例）アンモニア, 硫化水素, 塩化水素

問題4・2　1) $S + O_2 \longrightarrow SO_2$

$Na_2SO_3 + H_2SO_4 \longrightarrow Na_2SO_4 + H_2O + SO_2$

$Cu + 2H_2SO_4 \longrightarrow CuSO_4 + 2H_2O + SO_2$

2) $SO_2 + H_2O \rightleftharpoons H^+ + HSO_3^-$

という反応で水素イオンが生じる.

問題4・3　a) F, b) E, c) C, G, d) D, e) A, f) A, H, g) G, I, h) A, B

問題4・4　1) Hg, 2) Cd, 3) Cs

問題4・5　a) 鉄, b) マグネシウム, c) コバルト, d) 鉄, e) 銅

第5章　物質量と濃度, 状態変化

問題5・1　$53.939609 \times 0.05845 + 55.934936 \times 0.91754 + 56.935393 \times 0.02119 + 57.93327 \times 0.00282 = 55.86148$

問題 5・2　硫酸 H_2SO_4 の式量は，$1.008\times2+32.07+16.00\times4=98.086$．三酸化硫黄 SO_3 の式量は，$32.07+16.00\times3=80.07$

問題 5・3

1)　水 H_2O のモル質量は $1.00\times2+16.0=18.0$ g/mol なので，1 mol の水分子は 18.0 g.

2)　アンモニア NH_3 のモル質量は $14.0+1.0\times3=17.0$ g/mol なので，$34.0\div17.0$ g/mol＝2.00 mol.

3)　窒素 N_2 のモル質量は $14.0\times2=28.0$ g/mol なので，14.0 g の窒素には窒素分子が $14.0\div28.0=0.500$ mol 含まれている．これを個数にすると $0.500\times6.02\times10^{23}=3.01\times10^{23}$ 個となる．

4)　安息香酸のモル質量は $12.0\times7+16.00\times2+1.0\times6=122.0$ g/mol であるので，5.00 g$\div122.0$ g/mol＝0.040983…．よって，0.0410 mol.

5)　二酸化硫黄 SO_2 のモル質量は 64.0 g/mol であるので，4.80 g の SO_2 の物質量は $4.80/64.0=0.075$ mol である．標準状態の気体の体積は 22.4 L より，この SO_2 の体積は $22.4\times0.075=1.68$ L となる．

問題 5・4

1)　塩化ナトリウムの質量を x とおくと，
$$\frac{x}{150}\times100=10 \quad より \quad x=15\,g$$

2)　NaOH の物質量を x mol とすると，$x/0.2=0.05$ が成立する．したがって，$x=0.01$ mol となる．

3)　今，98 % 硫酸水溶液が 100 mL ここに存在すると仮定すると，この溶液の密度は 1.8 g/mL であることから，質量は $100\times1.8=180$ g である．次に，この 180 g の溶液の 98 % を占める硫酸の物質量を求めると，$180\times0.98/98$（硫酸の分子量）$=1.8$ mol，したがって，1.8 mol$/0.1$ L$=18$ mol/L となる．

4)　今，17 % $NaNO_3$（式量 85.0）が 100 mL ここに存在すると仮定すると，この溶液の密度は 1.1 g/mL であることから，質量は $100\times1.1=110$ g である．次に，この 110 g の溶液の 17 % を占める $NaNO_3$ の物質量を求めると，$(110\times0.17)/85=0.22$，したがって，0.22 mol$/0.1$ L$=2.2$ mol/L となる．

5)　6.0 mol/L の HCl（分子量 36.5）が 100 mL 存在すると仮定すると，この溶液の質量は $100\times1.1=110$ g である．この溶液中の HCl の質量は $36.5\times6.0\times0.1=21.9$ g，したがって 21.9 g$/110$ g$\times100=19.9$ % となる．

問題 5・5　高い山では気圧が低く，蒸気圧曲線からもわかるように，水は 100 ℃ 以下で沸騰してしまうため，米内部の温度が十分上昇せず，生煮えの状態になってしまう．

問題 5・6　$77-273=-196$ ℃

問題 5・7

1)　$$\frac{9.0\,g/(180\,g/mol)}{0.4\,kg}\times0.52\,K\cdot kg/mol+100\,℃$$
$=100.065$ ℃
したがって，沸点は 100.07 ℃ になる．

2)　0.1 mol $\times(2/1.0)$ kg $\times1.87$ K$\cdot$kg/mol $=0.374$
したがって，凝固点は -0.37 ℃ になる．このとき水溶液では塩化ナトリウムは $NaCl\longrightarrow Na^++Cl^-$ のように電離するため，Na^+ と Cl^- がどちらも 0.1 mol ずつ存在し，合計 0.2 mol の溶質粒子が 1.0 kg に溶解していると考える．このように電解質の場合には，グルコースなどの非電解質に比べ，同じ物質量であっても電離後のイオン粒子の総物質量が凝固点降下度に影響する．塩化ナトリウムでは溶質粒子の 2 倍量のイオン粒子が存在することになり，凝固点降下も 2 倍になっている．

問題 5・8

1)　溶解度から 60 ℃ の水 100 g の塩化カリウムの飽和水溶液を 20 ℃ に冷却したときの塩化カリウムの析出量は $46-34=12$ g である．したがって，300 g の水の場合の析出量は，
$$100:12=300:x \quad よって，\quad x=36\,g$$

2)　飽和溶液から溶媒を y g 蒸発させたときの析出量 w g は，溶解度を s とすると次のようになる．$y=40$，$s=34$ より，
$$\frac{w}{y}=\frac{s}{100}$$
$$w=\frac{40\times34}{100}$$
$$w=13.6\,g$$

3)　60 ℃ では，水 100 g に 46 g の塩化カリウムが溶解して溶液全体は 146 g になる．これを 20 ℃ まで冷却すると $46-34=12$ g の塩化カリウムが析出する．60 ℃ 300 g の飽和塩化カリウム溶液を 20 ℃ まで冷却したときの析出量を x g とおくと，$300:146=x:12$ と表せる．1) より 60 ℃ の水 100 g の塩化カリウムの飽和水溶液を 20 ℃ に冷却したときの塩化カリウムの析出量は 12 g であるから，60 ℃ の飽和塩化カリウム水溶液 300 g から析出する塩化カリウム量を t とすると，$\dfrac{(300-z)}{t}=\dfrac{100}{12}$ となる．これを解くと，$x=24.657\cdots$ となるので，求める析出量は 24.7 g.

問題 5・9

1)　1.013×10^5 Pa のとき，水素は 1.00 L に 0.81 mmol 溶解するから，2.026×10^5 Pa では $0.81:x=(1.013\times10^5):(2.026\times10^5)$，すなわち $x=1.62$ mmol 溶けている．

2)　1 L に溶けている二酸化炭素量は，$1.5:306.54$

$=1.0:x$, すなわち $x=204.36$

また, 25℃ で $1.013×10^5$ Pa のとき, 二酸化炭素は 1.0 L に 34.06 mmol 溶解するのであるから, $34.06:(1.013×10^5)=204.36:w$, ゆえに $w=5.983×10^5$ Pa すなわち, $5.983×10^5$ Pa の圧力をかければよい.

問題 5・10

1) ファントホッフの式において R, T, v が等しいので, 浸透圧はモル濃度に比例する. B 液の非電解質の分子量を x とすると, A 液のスクロースの分子量は $C_{12}H_{22}O_{11}=342$ なので,

$$\frac{10}{342}:\frac{10}{x}=1:2$$
$$x=342/2=171$$

よって, B の分子量は 171 となる.

2) 20℃ は $273+20=293$ K なので, ファントホッフの式より,

$$n=\Pi v/RT=2.11×10^5×1.00/(8.31×10^3×293)$$
$$=0.08665 \text{ mol}$$

したがって, この希釈水溶液のモル濃度は 0.0866 mol/L である.

また, 1 L 中の尿素の質量は $60×0.0866=5.20$ g となる. したがって, 希釈前の尿素飽和水溶液 10 g 中の尿素は 5.20 g, 水は 4.80 g となる. 尿素の溶解度は $5.20:4.80=x:100$ より $x=108$, よって, 溶解度は 108 g となる.

問題 5・11 a. チンダル現象, b. ブラウン運動, c. 電気泳動, d. 価数, e. 疎水コロイド, f. 親水コロイド, g. 塩析

第6章　化学変化と化学反応式

問題 6・1

1) $a=4$, $b=3$, $c=2$

2) $a=4$, $b=5$, $c=4$, $d=6$

3) $a=1$, $b=2$, $c=1$, $d=1$

4) $a=1$, $b=2$, $c=1$, $d=1$

5) $a=2$, $b=3$, $c=6$, $d=1$

6) $a=1$, $b=6$, $c=2$, $d=3$

7) $a=2$, $b=3$, $c=3$, $d=1$

8) $a=2$, $b=1$, $c=1$, $d=2$, $e=2$

9) $a=2$, $b=1$, $c=3$, $d=2$

10) $a=1$, $b=3$, $c=1$

11) $a=2$, $b=1$, $c=2$, $d=1$

12) $a=3$, $b=2$, $c=3$, $d=2$

13) $a=2$, $b=1$, $c=2$

14) $a=2$, $b=1$, $c=4$, $d=4$

15) $a=3$, $b=2$

16) $a=1$, $b=1$, $c=1$, $d=1$

17) $a=1$, $b=2$, $c=1$

18) $a=1$, $b=2$, $c=1$, $d=1$

問題 6・2

1) $2CO + O_2 \longrightarrow 2CO_2$

2) $C_2H_5OH + 3O_2 \longrightarrow 3H_2O + 2CO_2$

3) $2H_2O \longrightarrow O_2 + 2H_2$

問題 6・3 まず NH_3 20.4 g の物質量を求めると, $c=20.4/17.0=1.20$ mol となる.

次に, a は c の 1/2 であるから $a=0.60$ mol, b は c の 3/2 倍であるから $b=1.80$ mol となる.

ここから, $d=28.0×0.60=16.8$ g

$e=2.0×1.80=3.6$ g

$f=22.4×0.60=13.4$ L

$g=22.4×1.80=40.3$ L

$h=22.4×1.20=26.9$ L

問題 6・4

a) $C + O_2 \longrightarrow CO_2$

b) $6.00/12.0=0.500$ mol

c) 反応式から 0.500 mol

d) $32.0×0.500=16.0$ g

e) CO_2 の分子量 44.0 より, $44.0×0.500=22.0$ g

f) $22.4×0.500=11.2$ L

問題 6・5 化学反応式は, 以下のようになる.

$$2C_2H_6 + 7O_2 \longrightarrow 4CO_2 + 6H_2O$$

a) C_2H_6 の分子量は 30.0 であるから 3.00 g は 0.100 mol である. C_2H_6 2 mol から CO_2 4 mol が生じるので, この問題では 0.200 mol の二酸化炭素が生じる. 標準状態では気体 1 mol は 22.4 L になるので, 生成する二酸化炭素の体積は, $22.4×0.200=4.48$ L

b) C_2H_6 0.100 mol と反応する O_2 は 0.350 mol である. 11.2 L は標準状態で 0.500 mol で 0.350＜0.500 なので, 酸素が残る.

c) 残る酸素は $0.500-0.350=0.150$ mol で, 質量では $0.150×32.0=4.80$ g

問題 6・6 化学反応式は, 以下のようになる.

$$2Mg + O_2 \longrightarrow 2MgO$$

a) 7.20 g の Mg は $7.20/24.0=0.300$ mol, MgO の分子量は 40.0 なので, 生成する MgO の質量は $40.0×0.300=12.0$ g

b) 5.60 L の酸素は $5.60/22.4=0.250$ mol であり, 7.20 g の Mg と反応する酸素は, $0.300/2=0.150$ mol なので, $0.250-0.150=0.100$ mol の酸素が未反応で残る. すなわち, $32.0×0.100=3.20$ g の酸素が残る.

問題 6・7　グルコース $C_6H_{12}O_6$ の分子量 180，水 H_2O の分子量 18.0，および以下の(6・5)式より，

$$C_6H_{12}O_6 + 6O_2 \longrightarrow 6CO_2 + 6H_2O$$

1 mol のグルコースから 6 mol の水が生じるので，生じる水を x g とすると

$$1 : 6 = \frac{360\ \text{g}}{180\ \text{g/mol}} : \frac{x\ \text{g}}{18.0\ \text{g/mol}}$$

$$x = 216$$

よって，216 g の水が生じる

問題 6・8　この食事中に含まれるデンプンは，$450 \times 0.30 = 135$ g である．

(6・2)式と(6・5)式を組合わせるとデンプンの消化吸収および分解は下式のように表せる．

$$(C_6H_{10}O_5)_n + 6nO_2 \longrightarrow 6nCO_2 + (5n+1)H_2O$$

デンプンと二酸化炭素のモル比は $1 : 6n$ であり，デンプンの式量は $162n$，二酸化炭素の分子量は 44.0 なので，135 g のデンプンから x g の二酸化炭素が生じるとすると，

$$1 : 6n = \frac{135}{162n} : \frac{x}{44.0}$$

$$x = 220\ \text{g}$$

よって，220 g の二酸化炭素が生じる．

次に，二酸化炭素の分子量は 44.0 なので，220 g の二酸化炭素は　$220/44.0 = 5$ mol となる．標準状態で 1 mol の気体は 22.4 L なので，$22.4 \times 5 = 112$ より，この二酸化炭素は 112 L の気体になる．

問題 6・9　乳酸 $C_3H_6O_3$ の分子量 90.0，ラクトース $C_{12}H_{22}O_{11}$ の分子量 342.0，および(6・1)式と(6・13)式よりラクトース 1 mol からグルコース 1 mol とガラクトース 1 mol が生成し，グルコースやガラクトース 1 mol から乳酸は 2 mol 生成する．これを化学反応式で表すと，

$$C_{12}H_{22}O_{11} + H_2O \longrightarrow C_6H_{12}O_6 + C_6H_{12}O_6$$
$$\text{（ラクトースの加水分解）}$$

$$C_6H_{12}O_6 \longrightarrow 2C_3H_6O_3$$
$$\text{（グルコースからの乳酸の生成）}$$

$$C_6H_{12}O_6 \longrightarrow 2C_3H_6O_3$$
$$\text{（ガラクトースからの乳酸の生成）}$$

この 3 式を足し合わせて整理すると，

$$C_{12}H_{22}O_{11} + H_2O \longrightarrow 4C_3H_6O_3$$

となり，ラクトース 1 mol から 4 mol の乳酸が生じる．

はじめのラクトースは 44.0 g，すなわち 44.0/342 mol であり，これがすべて乳酸になったとすると，乳酸は $(44.0/342) \times 4$ mol となる．問題文から乳酸は 7.0 g，つまり 7.0/90 mol 生成しているので，最初のラクトースのうち次式の量が乳酸に変換されたと考えることができる．

$$\frac{\dfrac{7.0}{90}}{\dfrac{44.0}{342} \times 4} \times 100 = 15.11\cdots\ \%$$

よって，約 15 % のラクトースが乳酸に変換された．

問題 6・10

1) (6・10)式より I_2 と $Na_2S_2O_3$ は 1:2 で反応するので，ヨウ素分子 2 mol を完全にヨウ化ナトリウムにするには，少なくとも 4 mol の $Na_2S_2O_3$ が必要となる．

2) ヨウ素溶液の濃度を x mol/L とすると，当量点では次のようになる．

$$x \times 20 \times 2 = 0.1 \times 15.20$$

これを解くと，$x = 0.038$ mol/L となる．すなわち 20 mL 中に含まれるヨウ素は，

$$0.038 \times 20 = 0.76\ \text{mmol}$$

第 7 章　酸と塩基の反応

問題 7・1　a，c

問題 7・2　塩酸 HCl から電離する水素イオンの物質量は 0.200 M × 0.2 L = 0.04 mol，水酸化ナトリウム NaOH から電離する水酸化物イオンの物質量は 0.100 M × 0.2 L = 0.02 mol．よって，中和後に残るのは $0.04 - 0.02 = 0.02$ mol の水素イオンである．混合溶液の液量は 400 mL なので，$[H^+] = 0.02$ mol/0.4 L = 0.05 M となる．よって，

$$pH = -\log_{10}[H^+] = -\log_{10}(5 \times 10^{-2})$$
$$= -\log_{10} 5 + 2 = 1.30$$

問題 7・3　硫酸 H_2SO_4 は 2 価の酸なので，電離する水素イオンの物質量は 0.150 M × 2 × 0.2 L = 0.06 mol，水酸化ナトリウム NaOH から電離する水酸化物イオンの物質量は 0.100 M × 0.2 L = 0.02 mol．よって，中和後に残るのは $0.06 - 0.02 = 0.04$ mol の水素イオンである．混合溶液の液量は 400 mL なので，$[H^+] = 0.04$ mol/0.4 L = 0.1 M となる．よって，

$$pH = -\log_{10}[H^+] = -\log_{10}(10^{-1}) = 1.00$$

問題 7・4

1) $pK_a = -\log_{10} K_a$ より，

$$pK_a = 5 - \log_{10} 1.78$$
$$= 4.7495\cdots$$

よって pK_a は 4.75 となる（$\log_{10} 1.78$ の値は関数電卓で求める）．

2) 例題 7・2 より，$pH = -\log_{10}[H^+] = -\log_{10} C_0\alpha$ と表すことができる．$\alpha \ll 1$ のとき，$K_a \fallingdotseq C_0\alpha^2$ とみなすと対数の真数に $C_0\alpha = (K_a C_0)^{\frac{1}{2}}$ を代入して，

$$pH = -\frac{1}{2}\log_{10} K_a C_0 = \frac{1}{2}(pK_a - \log_{10} C_0)$$

$$\begin{aligned} pH &= \frac{1}{2}pK_a - \frac{1}{2}\log_{10} 0.100 \\ &= 2.375 + 0.5 \\ &= 2.875 \end{aligned}$$

よって，$pH = 2.88$ となる．

問題 7・5　$pOH = -\log_{10}[OH^-] = -\log_{10} C_0\alpha$ と表すことができる．

$\alpha \ll 1$ のとき，$K_b \fallingdotseq C_0\alpha^2$ とみなすと $C_0\alpha = (K_b C_0)^{\frac{1}{2}}$ となり，これを上式に代入して，

$$\begin{aligned} pOH &= -\log_{10}(K_b C_0)^{\frac{1}{2}} \\ &= \frac{1}{2}(pK_b - \log_{10} C_0) \end{aligned}$$

ここで，$pH = 14 - pOH$ より，

$$pH = 14 - \frac{1}{2}(pK_b - \log_{10} C_0)$$

問題 7・6　この緩衝液の平衡は，

$$\begin{aligned} KH_2PO_4 &\longrightarrow K^+ + H_2PO_4^- &&(1) \\ K_2HPO_4 &\longrightarrow 2K^+ + HPO_4^{2-} &&(2) \\ H_2PO_4^- &\rightleftharpoons HPO_4^{2-} + H^+ &&(3) \end{aligned}$$

となる．(3)式はリン酸の二段階目の解離になる．このときの解離定数 K_a は，

$$K_a = \frac{[HPO_4^{2-}][H^+]}{[H_2PO_4^-]}$$

となる．両辺の対数をとり，

$$\log_{10} K_a = \log_{10}[HPO_4^{2-}] + \log_{10}[H^+] - \log_{10}[H_2PO_4^-]$$

$$-pK_a = \log_{10}[HPO_4^{2-}] - pH - \log_{10}[H_2PO_4^-]$$

ここで $[HPO_4^{2-}] = 0.1$，$[H_2PO_4^-] = 0.2$，$pK_a = 7.21$（二段階目の解離なので，$pK_{a2} = 7.21$ を用いる）より，

$$-7.21 = -pH + \log_{10}\frac{0.1}{0.2}$$

$$pH = 7.21 - \log_{10} 2 = 6.91$$

問題 7・7　グリシンの解離は次のようになる．

$$\underset{\text{電荷 +1}}{^+H_3N\text{-}CH_2\text{-}COOH} \underset{pK_{a1}}{\rightleftharpoons} \underset{\text{両性イオン（電荷 0）}}{^+H_3N\text{-}CH_2\text{-}COO^-} + H^+$$

$$\underset{\text{両性イオン（電荷 0）}}{^+H_3N\text{-}CH_2\text{-}COO^-} \underset{pK_{a2}}{\rightleftharpoons} \underset{\text{電荷 -1}}{H_2N\text{-}CH_2\text{-}COO^-} + H^+$$

$$K_{a1} = \frac{[^+H_3N\text{-}CH_2\text{-}COO^-][H^+]}{[^+H_3N\text{-}CH_2\text{-}COOH]}$$

$$K_{a2} = \frac{[H_2N\text{-}CH_2\text{-}COO^-][H^+]}{[^+H_3N\text{-}CH_2\text{-}COO^-]}$$

両式をかけ合わせると，

$$K_{a1} K_{a2} = \frac{[H_2N\text{-}CH_2\text{-}COO^-][H^+]^2}{[^+H_3N\text{-}CH_2\text{-}COOH]}$$

等電点では正電荷と負電荷が等しいので，$[H_2N$-CH_2-$COO^-] = [^+H_3N$-CH_2-$COOH]$ となり，

$$K_{a1} K_{a2} = [H^+]^2$$

両辺の対数をとると，

$$pK_{a1} + pK_{a2} = 2\,pH$$

よって等電点では，

$$pH = \frac{(pK_{a1} + pK_{a2})}{2} = \frac{(2.3 + 9.7)}{2} = 6.0$$

第8章　酸化還元反応

問題 8・1　例題 8・1 に書かれた還元型ビタミン C と酸化型ビタミン C の構造式から，

還元型ビタミン C $\longrightarrow$

酸化型ビタミン C $+ 2H^+ + 2e^-$

$$\frac{1}{2}O_2 + 2H^+ + 2e^- \longrightarrow H_2O$$

問題 8・2　(8・14)式と(8・17)式を参照．

1) $NaClO + 2HCl \longrightarrow Cl_2 + H_2O + NaCl$ なので，A と B は，Cl_2 と H_2O（逆でもよい）．

2) $Cl^- \longrightarrow \frac{1}{2}Cl_2 + e^-$

$$ClO^- + 2H^+ + e^- \longrightarrow \frac{1}{2}Cl_2 + H_2O$$

3) Cl^-（HCl）が還元剤，ClO^-（NaClO）が酸化剤．

4) 左辺（NaClO 中の Cl の酸化数 +1，HCl 中の Cl の酸化数 -1）$\longrightarrow$ 右辺（Cl_2 中の Cl の酸化数 0，NaCl 中の Cl の酸化数 -1）

問題 8・3

1) (A) $2H^+$，(B) e^-，(C) H_2O

2) $O_2 + 4H^+ + 4e^- \longrightarrow 2H_2O$　（8・13 式の逆反応）

3) スーパーオキシドジスムターゼ

$$2O_2^- + 2H^+ \longrightarrow H_2O_2 + O_2$$

カタラーゼ　$H_2O_2 \longrightarrow H_2O + \frac{1}{2}O_2$

問題 8・4

1) $S_2O_3^{2-} \longrightarrow \frac{1}{2}S_4O_6^{2-} + e^-$　(8・7 式)

2) この酸化還元滴定で使用されたチオ硫酸ナトリウムの物質量（mmol）は，

$$0.01\,mol/L \times 8.00\,mL = 0.08\,mmol$$

ヨウ素のミリ当量数とチオ硫酸ナトリウムのミリ当量数（物質量）は等しくなるので，この油の POV は，$0.08\,mmol \times (1000\,g / 5.00\,g) = 16\,mmol$ から，16 mEq./kg となる．

問題 8・5　(8・7)式と(8・14)式を参照．

1) $S_2O_3{}^{2-} \longrightarrow \frac{1}{2}S_4O_6{}^{2-} + e^-$

$ClO^- + 2H^+ + e^- \longrightarrow \frac{1}{2}Cl_2 + H_2O$

2) 1) で示したように $S_2O_3{}^{2-}$ と ClO^- はモル比 1：1 で反応する．よって，0.1 mol/L のチオ硫酸ナトリウム溶液 1.00 mL は，0.1 mol/L×1.00 mL＝0.100 mmol の NaClO に対応する．これは Cl の原子量から 35.45 g/mol×0.100 mmol より，3.545 mg の Cl に相当する．

3) 2) の結果より 0.1 mol/L のチオ硫酸ナトリウム溶液 1.00 mL が Cl 3.545 mg に相当するので，希釈した試料 10 mL には 0.003545 g/mL×4 mL 相当の塩素が存在する．よって希釈前の溶液 1 L 中には 0.003545 g/mL×4 mL×20×1000/10＝28.36 g の有効塩素が存在する．よって，有効塩素濃度は，28.4 g/L となる．

［別解］ この次亜塩素酸ナトリウム NaClO の有効塩素濃度を A mol/L とすると 20 倍希釈しているので，終点では，

A mol/L $\times \dfrac{1}{20} \times$ 10.00 mL ＝ 0.1 mmol/L × 4.00 mL

となる．よって，

A = 0.8 mol/L = 0.8 mol/L × 35.45 g/mol = 28.36 g/L

問題 8・6 酸化還元電位が－側から＋側に大きくなる方向に電子が流れるのが自然なので，シトクロム b → シトクロム c → シトクロム a の順番で電子が流れると予想される．

第 9 章　熱力学と化学反応，反応速度論

問題 9・1 スクロースの分子量は 342 なので，1.5 g は 1.5/342 mol

この燃焼エネルギーは，スクロースの標準燃焼エンタルピーが－5650 kJ mol^{-1} なので，

5650 kJ mol$^{-1} \times \dfrac{1.5}{342}$ mol $= -24.78\cdots$ kJ

よって，25 kJ が放出される．

位置エネルギーは mgh で，これが 25 kJ の 50 ％ に相当すると考えるので，

65 kg × 9.8 m s^{-2} × h m ＝ 24781 J × 0.5

$h = 19.45\cdots \doteqdot 19$ m

よって 19 m 登れる．

問題 9・2 (1) H, (2) エントロピー, (3) J K^{-1}, (4) <, (5) =, (6) K_d, (7) アレニウス, (8) $-E_a/RT$, (9) 大きく

問題 9・3 温度を T K 上げられるとすると，水の比熱×体重×T が産生された熱量に等しくなるので，

4.2 J K^{-1} g^{-1} × 60000 g × T K = 10,000,000 J

$T = 39.68 \doteqdot 40$ K

すなわち，体温を約 40 ℃ 上げられる熱量に相当する．

蒸発による熱量は，水の物質量×水の標準蒸発エンタルピーになり，ここでは蒸発熱が発生熱の 25 ％ に等しいと仮定しているので，X g の水が蒸発したとすると，

$\dfrac{X}{18.0}$ mol × 44000 J mol^{-1} = 10,000,000 J × 0.25

$X = 1022$ g $\doteqdot 1.0$ kg

すなわち，約 1 L の水が蒸発していることになる．
実際われわれは 1 日当たり，不感蒸泄（皮膚，呼吸など）で約 1 L 水分を外部に排出している．

問題 9・4 $\Delta G = \Delta G° + RT\ln K$ (9・11 式) において，平衡状態では $\Delta G = 0$ なので，

$\Delta G° = -RT\ln K$

ここに $\Delta G° = 2,880,000$ J mol^{-1}, $R = 8.31$ J K^{-1} mol^{-1}, $T = 298$ K を代入すると，

$2,880,000 = -8.31 \times 298 \times 2.303 \log K$

$\log K = -505$

したがって，$K = 10^{-505}$ なのでこの反応は自発的には起こらない．この反応式で記述される光合成では，光のエネルギーを利用することで自発的に起こらない反応を起こしている．

逆反応の平衡定数は，10^{-505} の逆数なので，10^{505}．逆反応はグルコースの燃焼式もしくは呼吸によるグルコースの分解の式であり，平衡状態ではすべてが反応生成物になることがわかる．

問題 9・5 反応速度の定義から，A 1.0, B 1.0/2 = 0.5, C 1.0/3 = 0.33, D 1.0 (mol L^{-1} s^{-1})

問題 9・6 1 次反応式に従うので，最初の菌数を X_0, t 秒後の菌数を X, 殺菌の速度定数を k とすると，

$\ln X = \ln X_0 - kt$

となる．常用対数に変換すると，

$\dfrac{\log X}{\log e} = \dfrac{\log X_0}{\log e} - kt$

$\log \dfrac{X}{X_0} = -\dfrac{kt}{2.30}$

$\dfrac{1}{10}$ になるとき，$\log \dfrac{1}{10} = -kt \dfrac{1}{2.30}$

$t = 1 \times 2.30/0.040 = 57.5$

すなわち，58 秒となる．

$\dfrac{1}{10000}$ になるとき，$\log \dfrac{1}{10000} = -kt \dfrac{1}{2.30}$

$t = 4 \times 2.30/0.040 = 230$

すなわち，230 秒となる．

微生物学分野では菌数が 1/10 になる時間を D 値とよぶ．この問いの場合，D 値は 58 秒（約 1 分）である．

問題 9・7　チアミンの分解は 1 次反応式に従うので，最初のチアミン量を X_0，t 分後のチアミン量を X，チアミン分解の速度定数を k とすると

$$\ln X = \ln X_0 - kt$$

ここで，$X_0 = 100$，$t = 30$，$k = 0.010$ を代入すると，

$$2.30 \log X = 2.30 \log 100 - 0.010 \times 30$$
$$\log X = 1.870$$
$$X = 10^{1.870} = 10 \times 10^{0.870} = 74.1$$

すなわち，74% となる．

問題 9・8　$\ln k = \ln A - E_a/RT$ より，

$$\ln k_1 = \ln A_1 - (41.55/8.31)/T$$
$$\ln k_2 = \ln A_2 - (83.1/8.31)/T$$

これらの上式を計算すると，

$$\ln k_1 = \ln A_1 - 5/T \qquad (1)$$
$$\ln k_2 = \ln A_2 - 10/T \qquad (2)$$

これを図示すると下のようになる．横軸は $1/T$ なので，左側がより高温，右側がより低温になる．(2) 式 [$E_a = 83.1\,\mathrm{kJ\,mol^{-1}}$ のとき] の反応は (1) 式 [$E_a = 41.55\,\mathrm{kJ\,mol^{-1}}$ のとき] の反応に比べ，低温では反応速度は大変遅いが，高温にするとその差がかなり小さくなる．

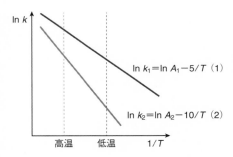

問題 9・9　カタラーゼのないときの活性化エネルギーと速度定数を E_a，k，カタラーゼがあるときの活性化エネルギーと速度定数を E_a'，k' とすると，アレニウスの式はそれぞれ次のようになる．

カタラーゼなし　　$\ln k = \ln A - E_a/(RT)$
カタラーゼあり　　$\ln k' = \ln A - E_a'/(RT)$

両式を差引くと，

$$\ln(k/k') = -(E_a - E_a')/(RT)$$

ここで，$k/k' = 10^{-12}$，$R = 8.3$，$T = 300$ を入れて計算すると，

$$\ln 10^{-12} = -(E_a - E_a')/(8.3 \times 300)$$
$$E_a - E_a' = 69720\,\mathrm{J\,mol^{-1}} \fallingdotseq 70\,\mathrm{kJ\,mol^{-1}}$$

カタラーゼなしのときの活性化エネルギー E_a が $80\,\mathrm{kJ\,mol^{-1}}$ なので，カタラーゼは活性化エネルギーを約 $70\,\mathrm{kJ\,mol^{-1}}$ 下げて $10\,\mathrm{kJ\,mol^{-1}}$ 程度にしている．

問題 9・10　ミカエリス–メンテンの式　$v = V_{max}[S]/(K_m + [S])$ に各値を入れて，

$$1.2 \times 10^{-3}\,\mathrm{mol\,L^{-1}\,s^{-1}}$$
$$= V_{max}\, 0.11\,\mathrm{mol\,L^{-1}}/(0.035\,\mathrm{mol\,L^{-1}} + 0.11\,\mathrm{mol\,L^{-1}})$$
$$V_{max} = 1.2 \times 10^{-3}\,(0.035 + 0.11)\,/\,0.11$$
$$= 1.582 \times 10^{-3} \fallingdotseq 1.6 \times 10^{-3}\,\mathrm{mol\,L^{-1}\,s^{-1}}$$

問題 9・11　空欄を埋め，ラインウィーバー–バークプロットをとると，以下のようになる．

基質濃度	1.00	1.333	2.00	4.00	8.00
1/基質濃度	1.00	0.75	0.50	0.25	0.125
反応速度	1.00	1.25	1.67	2.50	3.33
1/反応速度	1.00	0.80	0.60	0.40	0.30

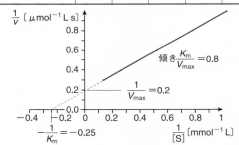

$$\frac{1}{v} = \left(\frac{K_m}{V_{max}}\right)\frac{1}{[S]} + \frac{1}{V_{max}} \quad \text{において，}$$

$1/v = 0$ とする（x 切片を求める）と，

$$-1/K_m = -0.25$$
$$K_m = 4.0\,\mathrm{mmol^{-1}\,L}$$

また，$1/[S] = 0$ とする（y 切片を求める）と，

$$1/V_{max} = 0.2$$
$$V_{max} = 5.0\,\mathrm{mol\,L^{-1}\,s^{-1}}$$

ターンオーバー数については，$V_{max} = k_{cat}[E_0]$ に各値を代入すると求められる．

$$5.0 \times 10^{-6}\,\mathrm{mol\,L^{-1}\,s^{-1}} = k_{cat} \times 10^{-9}\,\mathrm{mol\,L^{-1}}$$
$$k_{cat} = 5 \times 10^{3}\,\mathrm{s^{-1}}$$

第 10 章　測定と分析

問題 10・1　b, e, f

問題 10・2　1) 4.23，2) 0.315，3) 35

問題 10・3　定量限界 = 10 × 標準偏差なので，

$$1.16 \times 10 = 11.6\,\mathrm{mg/L}$$

索　　　引

むら た まさ つね
村 田 容 常
　1956 年　東京都に生まれる
　1979 年　東京大学農学部 卒
　現 お茶の水女子大学基幹研究院自然科学系 教授
　専門 食品加工貯蔵学
　農 学 博 士

な ら い あさ こ
奈 良 井 朝 子
　1974 年　島根県に生まれる
　1996 年　東京大学農学部 卒
　現 日本獣医生命科学大学応用生命科学部 准教授
　専門 食品成分化学, 食品生化学, 食品機能学
　博士(農学)

第 1 版　第 1 刷　2020 年 12 月 15 日 発 行

新スタンダード栄養・食物シリーズ 19
基 礎 化 学

Ⓒ 2 0 2 0

編　　者　　村　田　容　常
　　　　　　奈　良　井　朝　子

発 行 者　　住　田　六　連

発　　行　　株式会社 東京化学同人
　東京都文京区千石 3 丁目 36-7 (〒112-0011)
　電　話 03-3946-5311・FAX 03-3946-5317
　URL: http://www.tkd-pbl.com/

印刷・製本　日本ハイコム株式会社

ISBN978-4-8079-1682-5
Printed in Japan

新スタンダード 栄養・食物シリーズ
─ 全 19 巻 ─

元 素 の 周 期 表 (2020)

族	1	2	3	4	5	6	7	8	9	10	11	12	13	14	15	16	17	18
1	水素 1 **H** 1.008																	ヘリウム 2 **He** 4.003
2	リチウム 3 **Li** 6.941†	ベリリウム 4 **Be** 9.012											ホウ素 5 **B** 10.81	炭素 6 **C** 12.01	窒素 7 **N** 14.01	酸素 8 **O** 16.00	フッ素 9 **F** 19.00	ネオン 10 **Ne** 20.18
3	ナトリウム 11 **Na** 22.99	マグネシウム 12 **Mg** 24.31											アルミニウム 13 **Al** 26.98	ケイ素 14 **Si** 28.09	リン 15 **P** 30.97	硫黄 16 **S** 32.07	塩素 17 **Cl** 35.45	アルゴン 18 **Ar** 39.95
4	カリウム 19 **K** 39.10	カルシウム 20 **Ca** 40.08	スカンジウム 21 **Sc** 44.96	チタン 22 **Ti** 47.87	バナジウム 23 **V** 50.94	クロム 24 **Cr** 52.00	マンガン 25 **Mn** 54.94	鉄 26 **Fe** 55.85	コバルト 27 **Co** 58.93	ニッケル 28 **Ni** 58.69	銅 29 **Cu** 63.55	亜鉛 30 **Zn** 65.38*	ガリウム 31 **Ga** 69.72	ゲルマニウム 32 **Ge** 72.63	ヒ素 33 **As** 74.92	セレン 34 **Se** 78.97	臭素 35 **Br** 79.90	クリプトン 36 **Kr** 83.80
5	ルビジウム 37 **Rb** 85.47	ストロンチウム 38 **Sr** 87.62	イットリウム 39 **Y** 88.91	ジルコニウム 40 **Zr** 91.22	ニオブ 41 **Nb** 92.91	モリブデン 42 **Mo** 95.95	テクネチウム 43 **Tc** (99)	ルテニウム 44 **Ru** 101.1	ロジウム 45 **Rh** 102.9	パラジウム 46 **Pd** 106.4	銀 47 **Ag** 107.9	カドミウム 48 **Cd** 112.4	インジウム 49 **In** 114.8	スズ 50 **Sn** 118.7	アンチモン 51 **Sb** 121.8	テルル 52 **Te** 127.6	ヨウ素 53 **I** 126.9	キセノン 54 **Xe** 131.3
6	セシウム 55 **Cs** 132.9	バリウム 56 **Ba** 137.3	ランタノイド 57〜71	ハフニウム 72 **Hf** 178.5	タンタル 73 **Ta** 180.9	タングステン 74 **W** 183.8	レニウム 75 **Re** 186.2	オスミウム 76 **Os** 190.2	イリジウム 77 **Ir** 192.2	白金 78 **Pt** 195.1	金 79 **Au** 197.0	水銀 80 **Hg** 200.6	タリウム 81 **Tl** 204.4	鉛 82 **Pb** 207.2	ビスマス 83 **Bi** 209.0	ポロニウム 84 **Po** (210)	アスタチン 85 **At** (210)	ラドン 86 **Rn** (222)
7	フランシウム 87 **Fr** (223)	ラジウム 88 **Ra** (226)	アクチノイド 89〜103	ラザホージウム 104 **Rf** (267)	ドブニウム 105 **Db** (268)	シーボーギウム 106 **Sg** (271)	ボーリウム 107 **Bh** (272)	ハッシウム 108 **Hs** (277)	マイトネリウム 109 **Mt** (276)	ダームスタチウム 110 **Ds** (281)	レントゲニウム 111 **Rg** (280)	コペルニシウム 112 **Cn** (285)	ニホニウム 113 **Nh** (278)	フレロビウム 114 **Fl** (289)	モスコビウム 115 **Mc** (289)	リバモリウム 116 **Lv** (293)	テネシン 117 **Ts** (293)	オガネソン 118 **Og** (294)

s-ブロック元素　d-ブロック元素

f-ブロック元素

ランタノイド	ランタン 57 **La** 138.9	セリウム 58 **Ce** 140.1	プラセオジム 59 **Pr** 140.9	ネオジム 60 **Nd** 144.2	プロメチウム 61 **Pm** (145)	サマリウム 62 **Sm** 150.4	ユウロピウム 63 **Eu** 152.0	ガドリニウム 64 **Gd** 157.3	テルビウム 65 **Tb** 158.9	ジスプロシウム 66 **Dy** 162.5	ホルミウム 67 **Ho** 164.9	エルビウム 68 **Er** 167.3	ツリウム 69 **Tm** 168.9	イッテルビウム 70 **Yb** 173.0	ルテチウム 71 **Lu** 175.0
アクチノイド	アクチニウム 89 **Ac** (227)	トリウム 90 **Th** 232.0	プロトアクチニウム 91 **Pa** 231.0	ウラン 92 **U** 238.0	ネプツニウム 93 **Np** (237)	プルトニウム 94 **Pu** (239)	アメリシウム 95 **Am** (243)	キュリウム 96 **Cm** (247)	バークリウム 97 **Bk** (247)	カリホルニウム 98 **Cf** (252)	アインスタイニウム 99 **Es** (252)	フェルミウム 100 **Fm** (257)	メンデレビウム 101 **Md** (258)	ノーベリウム 102 **No** (259)	ローレンシウム 103 **Lr** (262)

p-ブロック元素

元素名　水素 → 1 **H** ← 元素記号
原子番号 → 1 **H** 1.008 → 原子量

原子量は質量数 12 の炭素 (^{12}C) を 12 とし、これに対する相対値とする。